VARTA
Batterie AG
Postfach 21 05 40
Am Leineufer 51
D-3000 Hannover 21

Ursprünglich veröffentlicht in der Reihe „Technische leergangen"
unter dem Titel „Startbatterijen"
von Educatieve en technische uitgeverij DELTA PRESS BV,
Overberg, gem. Amerongen, Niederlande.

© 1990 by Educatieve en technische uitgeverij DELTA PRESS BV,
Overberg, gem. Amerongen, Niederlande

Zusammengestellt durch Ing. J. C. F. van der Meer

Alle Rechte vorbehalten
© Friedr. Vieweg & Sohn Verlagsgesellschaft mbH,
Braunschweig / Wiesbaden, 1992

Der Verlag Vieweg ist ein Unternehmen der Verlagsgruppe
Bertelsmann International.

Das Werk und alle seine Teile sind urheberrechtlich geschützt. Jede Verwertung in anderen als den gesetzlich zugelassenen Fällen bedarf deshalb der schriftlichen Einwilligung des Verlages.

ISBN 978-3-528-04825-9 ISBN 978-3-322-86800-8 (eBook)
DOI 10.1007/978-3-322-86800-8

Elektrochemische Spannungs-Quellen

Um elektrische Maschinen, Geräte und Beleuchtung mit elektrischer Energie zu versorgen, gibt es ein Stromnetz, das die elektrische Energie über Stromkabel aus den Kraftwerken in unsere Haushalte leitet. An dieses Netz sind Beleuchtung und Kraftanlagen angeschlossen; außerdem ist es möglich, über Steckdosen eine Vielzahl mobiler Geräte zu betreiben. Aber dieses Energienetz ist nicht immer und überall verfügbar.

Stecker für tragbare Geräte, die in dieser Welt unentbehrlich sind, ziemlich unpraktisch.

Für jeden dieser Fälle bietet die Gruppe der elektrochemischen Spannungsquellen eine Lösung. Sie funktionieren unabhängig vom Stromnetz und versorgen Notstromeinrichtungen mit Strom, wenn das Stromnetz ausfällt, sie versorgen tragbare Geräte und mobile Maschinen mit Energie, und schließlich liefern sie die benötigte Startenergie für Verbrennungsmotoren zum Beispiel von Autos, Traktoren, Schiffen, Aggregaten und Flugzeugen. Es wurden verschiedene Systeme entwickelt, einerseits abhängig vom Energiebedarf (kleiner Energiebedarf: zum Beispiel für Uhren, Fotogeräte, Hörgeräte und Herzschrittmacher; großer Energiebedarf: zum Beispiel für elektrische Gabelstapler, Telefonzentralen und Autos), andererseits abhängig von der Einschaltdauer (Dauerbetrieb oder nur im Notfall).

Man unterscheidet Systeme, die man neu laden kann, und Einweg-Systeme. In diesem Lehrgang wollen wir uns mit der ersten Gruppe befassen, den aufladbaren Batterien. Wir besprechen wegen ihrer großen Bedeutung die Auto-Batterie.

Eine Teleskop-Antenne der Bundespost in Raisting.
In dieser Anlage sind als Notstromeinrichtung für die elektrischen Steuermotoren VARTA-Batterien installiert.

Wenn die Netzspannung ausfällt, kann das in Tunneln, öffentlichen Gebäuden, Krankenhäusern und der Industrie zu Komplikationen führen. Der Telefonverkehr würde ausfallen, Operationen würden mißlingen, Panik, Diebstähle, Schäden und Unfälle usw. würden zweifellos die Folge sein. Außerdem ist ein langes Kabel mit

Inhalt

1	**Geschichtlicher Überblick**	**3**
1.1	Im Altertum	3
1.2	Experimente	3
1.3	Die erste einsatzfähige Batterie	4
1.4	Der alkalische Akkumulator	5
2	**Wie funktioniert die Batterie**	**6**
2.1	Die Energieumwandlung	6
2.2	Chemische Reaktionen	7
2.3	Die Potentialdifferenz	8
2.4	Zusammenfassung	9
3	**Konstruktion**	**10**
3.1	Der Einsatz von Blei als Basismaterial	10
3.2	Bleiverbindungen	10
3.3	Die Batterieplatten	11
3.4	Separatoren	12
3.5	Batteriegehäuse	12
3.6	Batteriedeckel	13
3.7	Zeilenverbinder und Pole	13
3.8	Die Endpole	13
3.9	Die Masse der Batterie	13
3.10	Zusammenfassung	14
4	**Batterietechnische Größen und Begriffe**	**15**
4.1	Chemische Stoffe	15
4.2	Moleküle und Atome	15
4.3	Chemische Verbindungen	15
4.4	Die elektrische Ladung	15
4.5	Elektronen	15
4.6	Der elektrische Strom	15
4.7	Die Kapazität	15
4.8	Urspannung oder elektromotorische Kraft	15
4.9	Die Spannung	16
4.10	Die Reihenschaltung	16
4.11	Die elektrische Energie	16
4.12	Die elektrische Leistung	16
4.13	Der Elektrolyt	16
4.14	Die spezifische Masse	17
4.15	Der Kälteprüfstrom	17
4.16	Der Innenwiderstand	17
4.17	Zusammenfassung	17
5	**Eigenschaften einer Batterie, wenn sie entladen wird**	**18**
5.1	Die Kapazität	18
5.2	Faktoren, die die Batteriekapazität beeinflussen	18
5.3	Die Spannungskennlinie	19
5.4	Selbstentladung	20
5.5	Zyklische Belastungen der Batterie	20
5.6	Der Kaltstart	22
6.	**Das Laden von Batterien**	**23**
6.1	Lademethoden	25
6.2	Die Wahl des Batterieladegerätes	25
6.3	Ladekennlinien	25
6.4	Der Ladestrom	27
6.5	Die Ladespannung	27
6.6	Ladungsaufnahme	28
7	**Abnutzungserscheinungen**	**29**
7.1	Korrosion	29
7.2	Ausfall der aktiven Masse	29
7.3	Sulfatieren	30
7.4	Störungen und Defekte	30
7.5	Zusammenfassung	30
8	**Normen**	**31**
8.1	Übersicht genormter Eigenschaften von Starterbatterien nach IEC-, DIN- und SAE-Normen	32
8.2	Die Typenbezeichnung	33
8.3	Zusammenfassung	33
9	**Was ist beim Einsatz einer Batterie zu beachten**	**34**
9.1	Die Startkapazität	34
9.2	Die Berechnung der Batteriekapazität	37
10	**Einsatz und Wartung einer Batterie**	**38**
10.1	Transport und Lagerung	38
10.2	Die Inbetriebnahme	38
10.3	Der Einbau einer Batterie im Fahrzeug	38
10.4	Laden der Batterie	38
10.5	Das Laden von zwei parallel geschalteten Batterien	39
10.6	Laden mit einem Ladegerät	39
10.7	Parallel und in Reihe geschaltete Batterien	39
10.8	Explosionsgefahr	39
10.9	Alte Batterien	40
11	**Der Batterietest**	**41**
11.1	Der Ladezustand	41
11.2	Belastbarkeitsmessungen	42
11.3	Entdecken der Fehler	43
11.4	Wie man Ladegeräte testen kann	43
11.5	Übersicht über Störungen und Defekte	44
12	**Neue Entwicklungen und Zukunftsperspektiven**	**45**
12.1	Wie man Batterien optimieren kann	45
12.2	Geschlossene Batterien	46
12.3	Alternative Systeme	47
12.4	Theoretische Pläne für Superbatterien	50
12.5	Zusammenfassung	50

1 Geschichtlicher Überblick

1.1 Im Altertum

Das Phänomen Elektrizität war schon in prähistorischer Zeit bekannt. Wir meinen damit nicht die geheimnisvolle Naturerscheinung des Blitzes, die eine große elektrische Entladung darstellt, sondern die Prozedur, mit der man im Altertum mit Hilfe von primitiven elektrischen Spannungsquellen Schmuck vergoldet hat. Ausgrabungen der Parter aus dem Jahre 2000 vor Christus weisen eindeutig darauf hin, daß die Parter dieses Phänomen schon kannten. Bemerkenswert ist, daß schon die Griechen nach 600 vor Christus die Eigenschaft von Bernstein, leichte Gegenstände anzuziehen, wenn man ihn vorher mit einem Staubtuch reibt, entdeckten. Diese Erscheinung führte später zu dem Wort „Elektrizität". Denn Bernstein bedeutet in der altgriechischen Sprache „ELEKTRON".

1.2 Experimente

Die statische Elektrizität, die erzeugt wird, indem man bestimmte Stoffe aneinander reibt, ist schon seit Jahrhunderten Gegenstand vieler Experimente. Höhepunkte aus dieser Zeit sind zum Beispiel:
- das Elektroskop, ein Gerät, mit dem man mit zwei kleinen, sich voneinander abstoßenden Metallstreifen statische Elektrizität nachweisen kann. Es wurde von einem Engländer namens William Gilbert (1540–1603) entwickelt.
- Die Reibungs-Elektrisiermaschine wurde von dem Deutschen Otto von Guericke (1602–1686) entwickelt.
- Die Leidener Flasche ist der Vorläufer des jetzigen Kondensators und wurde von dem Niederländer Mussenbroeck im Jahre 1745 entwickelt.

Die Erfindungen des Italieners Galvani von 1789 nähern sich hier schon eher unserem Thema. Er entdeckte, daß sich mit Kupferdraht aufgehängte Froschschenkel zusammenzogen, wenn sie seinen Balkon aus Eisen berührten. Diese beiden Metalle in Kombination mit Wasser in dem Gewebe des Froschschenkels erzeugen zusammen eine elektrische Spannungs-Quelle.

Volta (1745–1827), ein Gymnasial-Lehrer, der später Universitäts-Professor wurde und noch später in den Adelsstand berufen wurde, entwickelte zehn Jahre später mit Hilfe von Galvanis Erfindung die berühmte Säule Voltas. Sie ist aus kleinen Metallplatten, zwischen denen sich in Säure getränkte Scheiben befinden, aufgebaut. Denn Volta hatte entdeckt, daß

Volta (1745-1827) entwickelte die erste elektrochemische Spannungsquelle: „Die Voltasche Säule".

zwei verschiedene Metalle eine elektrische Spannung erzeugen, wenn sie mit einer Salzlösung oder einer Säure kombiniert werden. Er hat diese Erscheinung ausführlich untersucht und kam zu der Überzeugung, daß das Entstehen der Elektrizität sich in der Grenzschicht zwischen Metall und Flüssigkeit abspielt. Er experimentierte mit verschiedenen Verbindungen, darunter auch verschiedenen Metallen, und stellte fest, daß die elektrische Spannung von der Kombination der Metalle abhängig ist. Die beiden Metalle bilden mit der Flüssigkeit ein sogenanntes Galvanisches Element.

Das Volt (V), die Einheit der elektrischen Spannung, wurde nach ihm benannt. Jeder, der ein Voltmeßgerät besitzt, kann das Experiment von Volta selber einfach nachvollziehen, indem man eine kleine Kupferscheibe, ein in einer Salzlösung getränktes Stück Papier und eine Nickelscheibe aufeinander legt. Zwischen den beiden Platten kann man eine Spannung von ungefähr 60 mV (0,06 V) messen. Ersetzt man die Kupferplatte durch eine Eisenplatte, mißt man eine Spannung, die viel höher liegt (0,2 V). Ersetzt man das Stück Papier durch ein in Essig getränktes Stück Papier, wird man eine Spannung von mehr als 0,5 V messen.

Als man später bessere Kombinationen herausfand, kam man zur ersten Batterie (das Galvanische Element), die ein elektrisches Gerät betreiben kann, bis die aktiven Stoffe der Batterie verbraucht sind. Solche Batterien sind nicht zum Laden geeignet.

Es wurde viel mit den ersten Batterien experimentiert und untersucht, wie zum Beispiel die Elektrolyse, eines der vielen elektrischen Phänomene. Sie ist die Zerlegung einer chemischen Verbindung durch den elektrischen Strom. Bei Galvanischen Elementen wie diesen ersten Batterien tritt die Entstehung von Wasserstoffgas und Sauerstoffgas aus Wasser auf. In einem Behälter mit Salzwasser werden zwei Metallstäbe oder Platten gestellt. Sie werden mit einer Gleichspannungsquelle (damals eine primäre Batterie) verbunden. Es entstehen an beiden Metallteilen (Elektroden) Gasblasen. Wir unterscheiden

Galvani entdeckte 1789 die elektrochemischen Phänomene.

Johan Ritter (1776–1810) entdeckte eine Spannungsquelle, die man mehrmals laden konnte.

Sauerstoff an der positiven Elektrode und Wasserstoff an der negativen Elektrode. Während eines ähnliches Experimentes entdeckte ein Medizinstudent aus Jena, Johann Ritter (1776–1810), daß, nachdem die Gleichspannungsquelle (eine Volta-Säule) zwischen den Metallteilen des Elektrolysegeräts entkoppelt wurde, eine Spannung gemessen werden konnte. Das Gerät war jetzt selber eine Spannungsquelle geworden.

Dies war vorher nicht der Fall, offenbar hatte sich das Elektrolysegerät geladen. Nach diesem System entwickelte er die „Säule von Ritter". In dieser Säule waren alle Metallscheiben aus demselben Material (Kupfer), und dazwischen befanden

Bild 1: Beim Experiment von Planté wird eine Bleibatterie von zwei primären Zellen geladen.

Josef Sinsteden forschte 1854 als erster mit einer Kombination von Blei und Schwefelsäure.

sich in einer Salzlösung getränkte Papierplatten. Bei der Säule von Volta (Primärelement) kann die frei werdende Energie unmittelbar in Form elektrischer Energie entnommen werden; die Säule von Ritter (Sekundärelement) kann elektrische Energie speichern.

Jahre später wurde die Entdeckung von keinem mehr beachtet. Wahrscheinlich, weil keiner mit der Erfindung etwas anzufangen wußte. Erst 1854 wurde wieder eine interessante Erfindung auf diesem Gebiet durch Jozef Sinnsteden, einem Arzt, gemacht. Er stellte zwei große Bleiplatten in einen Behälter mit verdünnter Schwefelsäure. Auf der Oberfläche der Platten bildete sich eine Schicht Bleisulfat. Wurde diese Anordnung jetzt geladen, entstand an der einen Platte Bleidioxid (PbO_2) und an der anderen Platte Blei (Pb).

Es stellte sich heraus, daß die chemische Reaktion der beiden aktiven Stoffe mit der Schwefelsäure diesen Strom verursachten. Bis jetzt war in einer Zelle noch nie eine Spannung von 2 V gemessen worden. Die Batterie entwickelte sich jetzt schneller als bisher. 1859 entwickelte der Franzose Gaston Planté einen Akkumulator indem er die Bleiplatten, die durch Gummistreifen voneinander getrennt wurden, wie eine Spirale aufrollte. 1860 führte er diese Planté-Zelle an der Universität von Paris vor. Die Batterie, die Zusammenschaltungen von mehreren galv. Elementen, hatte jedoch noch immer nur eine wissenschaftliche Bedeutung. Erst als Siemens den Dynamo erfand, wurde die Anwendung der Batterie interessant. Es wurden verschiedene Bauarten von Zellen erdacht, darunter auch die Zelle von Camille Faure (1881), die Bleiplatten mit Bleiverbindungen überzog. Dazu gehörten auch die Zelle von Charles Brush, der die Platten mit Rippen modifizierte, die die Bleiverbindungen auf den Platten besser festhalten sollten, und die Zelle von Volckmar, der eine Bleirasterplatte erstellte und die Löcher mit einer Bleipaste zuschmierte. Die letzte Bauart ist der Vorläufer der jetzigen Gitterplatte.

1.3 Die erste einsatzfähige Batterie

Es stellte sich heraus, daß in der Praxis eine Platte mit großer Oberfläche am günstigsten ist. Diese Platte wurde 1881 von dem Luxemburger Henri Tudor entwickelt. Er baute eine positive Bleiplatte mit kleinen feinen Rippen auf der Oberfläche, die dafür sorgten, das beim Laden und

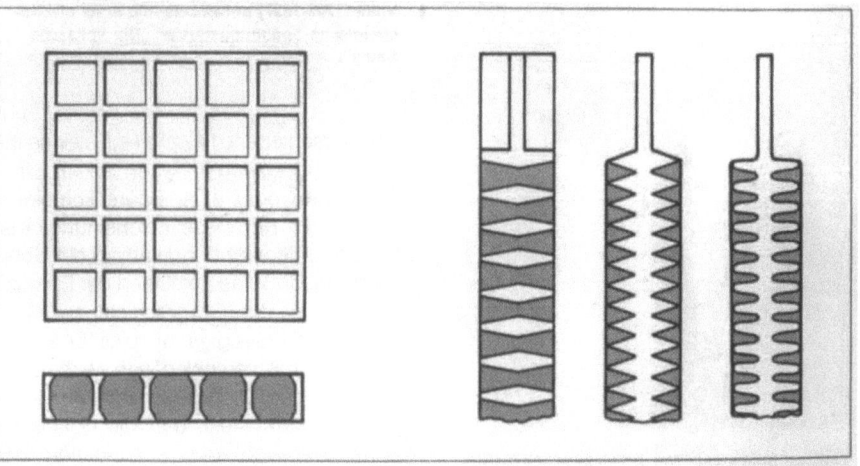
Bild 2: Zwei einfache Plattenkonstruktionen:
a – Eine von Volckmar entwickelte Gitterplatte.
b – Eine Platte mit Rippen, die von Brush entwickelt wurde.

Bild 6: Die Energieversorgung der Beleuchtung des Hofzuges des deutschen Kaisers aus dem Jahr 1896 (VARTA-Museum in Hagen).

1924 – In den Fahrzeugbatterien wird die positive Elektrode, die aus Rohrplatten besteht, eingebaut. Die Röhrchen sind aus Hartgummi und mit kleine Rillen versehen.
1926 – Pöhler entwirft ein Ladegerät für Fahrzeugbatterien.

1930 – VARTA entwickelt den „MIPOR"-Separator auf der Basis von Latex.
1935 – Nickel-Cadmium-Batterien, die große Spitzenbelastungen aushalten, wenn sie mit Sinterelektroden ausgerüstet sind.
1953 – Für Fahrzeugbatterien wurden von VARTA Panzerbleche mit Röhrchen aus Kunststoffaser entwickelt.
1959 – Die Entwicklung neuer Konservierungstechniken von „dry charged" Starterbatterien.
1967 – Der Einsatz von neuen korrosionsfesten Legierungen mit einem niedrigen Antimongehalt und Selen. Sie wird, als wartungsfreie Batterie, von VARTA beim Patentamt hinterlegt.
1982 – Experimente mit Polymerbatterien, auf der Basis leitfähiger Kunststoffe, zum Beispiel Poly-Acetylen und Poly-Pyrrol.
1987 – Es werden völlig geschlossene Batterien von VARTA nach dem „Liquifix"-System eingeführt.

Bilder 3, 4, 5: Versuche mit verschiedenen Bauarten für Bleibatterien (VARTA-Museum in Hagen).

Entladen (Formieren) nach dem Planté-System, sich an der Oberfläche eine Schicht Bleidioxid, auch aktives Material genannt, bildete. An der negativen Platte wurde das System von Faure und Brush verwendet.
1887 entwickelte Adolf Müller, der Gründer von VARTA, ein Patent und begann in dem gleichen Jahr mit der Produktion in Europa. Später sollten auch in den USA nach dieser Lizenz durch ESB (Electric Storage Batteries) Bleibatterien produziert werden.

1.4 Der alkalische Akkumulator

Einige wichtige Meilensteine in der Geschichte der Batterie:
1890 – Die Gitterplatte wurde entwickelt und produziert nach dem Prinzip von Faure.
1905 – Die ersten Autobatterien werden als Stromversorgung für die Beleuchtung am Auto eingesetzt.
1914 – Entwicklung des Anlassers und der Einsatz der Autobatterie als Starterbatterie.

2 Wie funktioniert die Batterie

2.1 Die Energieumwandlung

Das Wort Akku oder Akkumulator bedeutet „Sammler". Ein Akku sammelt (speichert) die elektrische Energie, damit er, wenn nötig, die Energie zu einem anderen Zeitpunkt oder an einer anderen Stelle wieder abgeben kann. Es ist möglich, elektrische Energie als Ladung mit einem Kondensator zu speichern, aber diese Methode ist nur für kleine Energiemengen brauchbar. In einem Akku wird die Energie in einer anderen Form gespeichert, nämlich als chemische Energie.

Wenn chemische Stoffe miteinander reagieren, tritt immer eine Energieübertragung auf: eine chemische Reaktion nimmt Energie auf oder setzt Energie frei. Man nennt diese Art Energie die sogenannte „Reaktionsenergie". Wenn man zum Beispiel mit einem Streichholz ein Gas zündet, reagiert das Gas, weil die Reaktionstemperatur erreicht wurde. Wenn außerdem Sauerstoff (in der Luft) anwesend ist, wird das Gas mit dem Sauerstoff chemisch reagieren: diese Form nennt man Verbrennung. Es bilden sich während der Reaktion neue Stoffe, nämlich Oxide, wie zum Beispiel Kohlendioxid (CO_2) und Wasser (H_2O).

Die Verbrennungsreaktion erzeugt immer Energie, die man Wärme nennt. Die Reaktionen in einer elektrochemischen Spannungsquelle sind den Verbrennungsreaktionen ähnlich. Der Unterschied ist aber, daß die Reaktionsenergie nicht als Wärme austritt, sondern als elektrische Energie. Ein Akku ist also eigentlich ein Energiewandler. Er kann chemische Energie während der Entladung in elektrische Energie umwandeln, und umgekehrt kann er elektrische Energie wieder in chemische Energie umwandeln.

Wie können wir uns dieses Phänomen erklären? Wie allgemein bekannt ist, sind Stoffe aus Molekülen aufgebaut, die wieder aus Atomen aufgebaut sind. Atome bestehen aus einem Atomkern und einer Elektronenhülle. In der Elektronenhülle befinden sich die um den Kern kreisenden Elektronen. Der Atomkern besteht aus Protonen und Neutronen (Nukleonen). Die Protonen im Atomkern haben immer eine positive elektrische Ladung; ein Elektron hat dagegen eine negative elektrische Ladung. Die Ladung eines Atomkerns und der Elektronen sind zusammen, unter normalen Umständen, neutral. Dies bedeutet, daß die positive Ladung eines Atomkerns die negativen Ladungen der Elektronen neutralisiert.

Ein Sauerstoffatom hat zum Beispiel einen

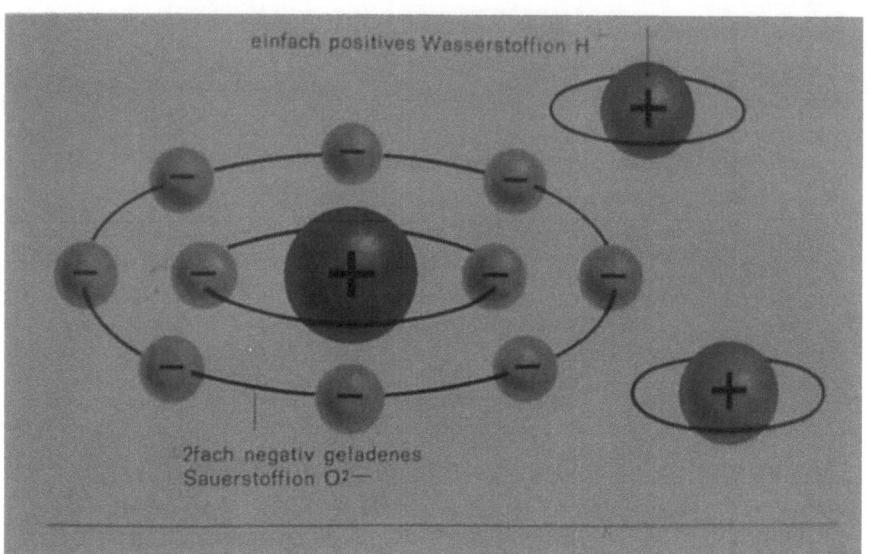

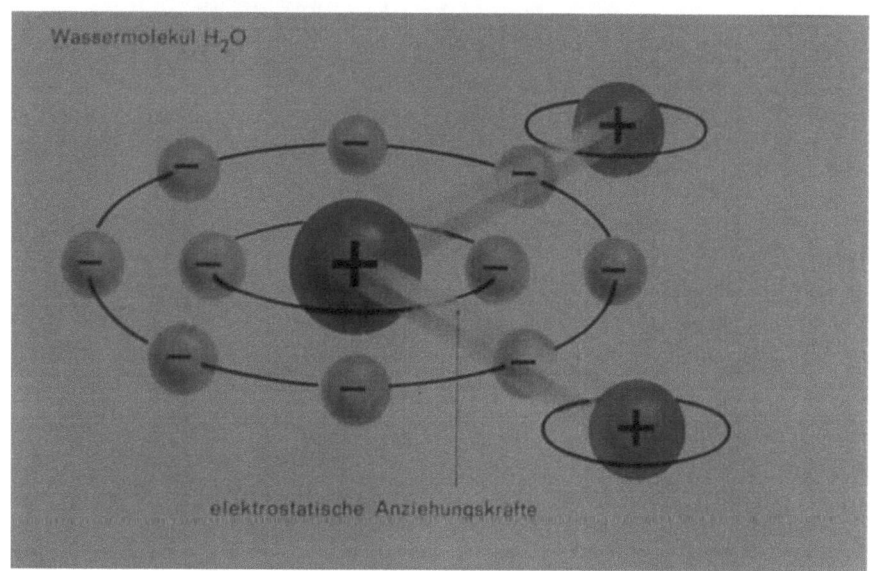

Bild 7a und 7b: Unter bestimmten Verhältnissen ionisieren Sauerstoffatome. In diesem Fall wird die Ladung des Wasserstoffatoms reduziert. Die Ionen sind jetzt in der Lage, eine neue chemische Verbindung zu bilden.

Atomkern mit 8 Protonen, aber auch 8 Elektronen in der Atomhülle.

Ein Wasserstoffatom ist viel kleiner; der Wasserstoffkern besitzt ein Proton und hat darum nur ein Elektron in der Atomhülle. Es gibt jedoch Situationen, in denen ein Atom oder ein Molekül ein Elektron abgibt oder aufnimmt.

Diesen Vorgang nennt man, Ionisation. Ionen sind negativ geladen, wenn das negative Ladungsverhältnis überwiegt. Wenn sie zu wenig Elektronen haben, ist die Ladung positiv. Ionen sind elektrisch geladene Atome oder Moleküle.

Ionisation tritt auf, wenn Säuren, Salze und Laugen (Elektrolyten) in Wasser löslich sind. In verdünnter Schwefelsäure (die Flüssigkeit in Bleibatterien) zum Beispiel, teilt sich ein Teil der Schwefelsäuremoleküle (chemische Formel H_2SO_4) in drei Ionen, nämlich zwei Wasserstoffionen, mit einer positiven Ladung (H^+) und ein Säurerest oder Sulfation, mit einer doppelten negativen Ladung (SO_4^{--}). Also $H_2SO_4 \rightarrow H^+ + H^+ + HSO_4^{--}$.

Man nennt diese Reaktion „Dissoziation".

Wie funktioniert die Batterie

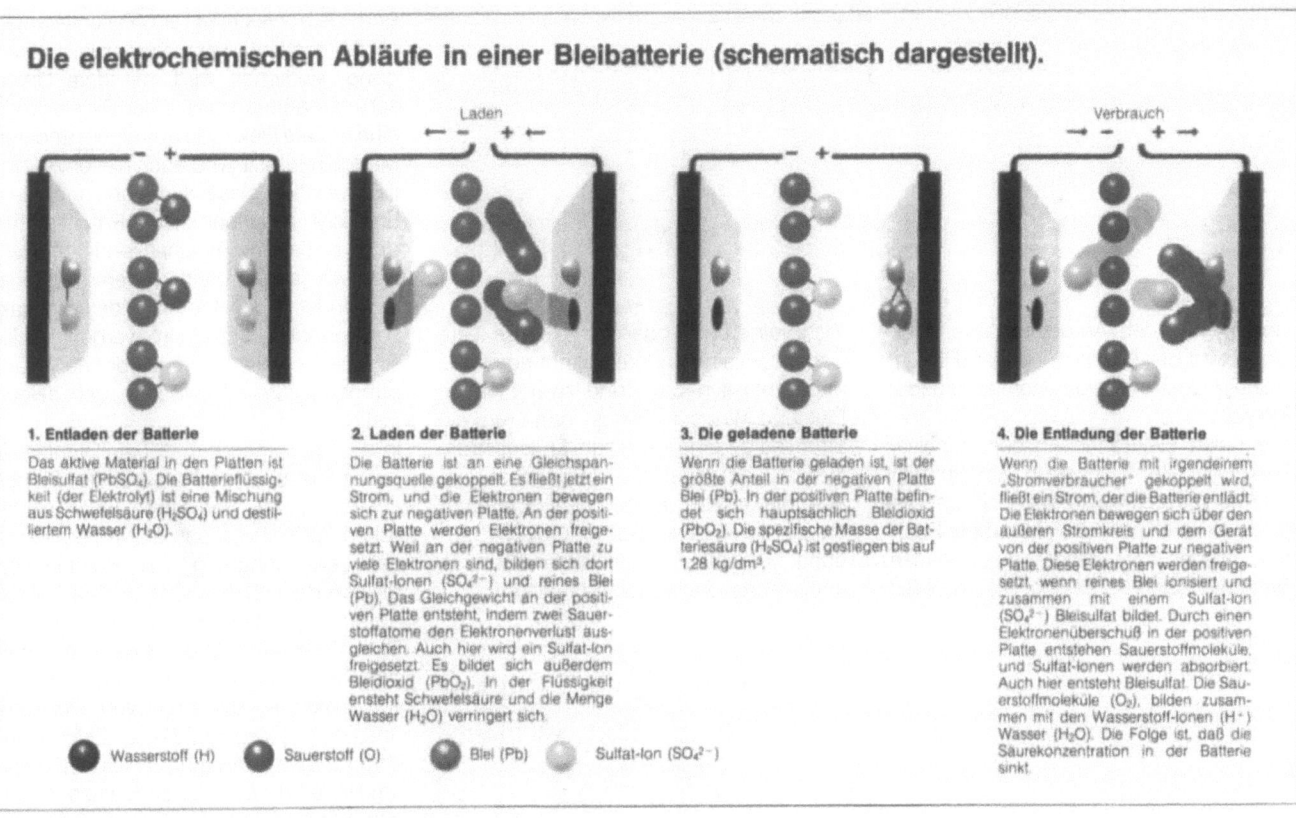

Bild 8: Elektrochemische Prozesse in einer Blei-Batterie.

In Flüssigkeiten sind Ionen sehr beweglich, auch wenn eine elektrische Ladung, also eine Kraft, auf die Ionen wirkt. Elektrolytische Flüssigkeiten sind darum leitend. Wenn sich nun Ionen mit einer entgegengesetzten Ladung nähern, ziehen sie sich gegenseitig an und bilden dann eine neue chemische Verbindung. Wenn dies zum Beispiel bei Wasserstoff- (H^+) und Sauerstoff-Ionen (O^{--}) auftritt, wird sich Wasser (H_2O) bilden.

Die Ionisation tritt in elektrochemischen Spannungsquellen auf. Die „freien" Elektronen bewegen sich in einem äußeren Stromkreis, über ein Stromkabel von einer Elektrode zur anderen (Elektronenleitung). Die Ionen reagieren miteinander und bilden eine neue chemische Verbindung.
Dabei entsteht Reaktionsenergie in Form eines elektrischen Stroms: die Elektronen bewegen sich durch die Elektroleitungen und die dazugehörenden elektrischen Geräte. Ein elektrischer Strom ist nichts anderes als eine elektrische Ladungsverschiebung.

Im äußeren Stromkreis sind die Elektronen die Ladungsträger. Der Stromkreis wird durch die Ionen in der Flüssigkeit der Zelle,

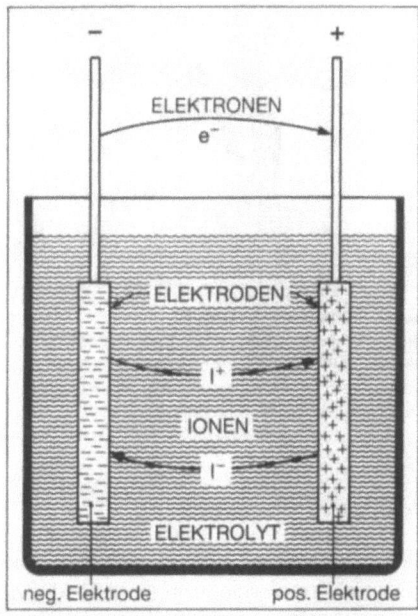

Bild 9: Der Strom fließt, während die Batterie entladen wird, im äußeren Stromkreis vom positiven Pol zum negativen Pol (techn. Stromrichtung) der Batterie. Die Elektronen bewegen sich entgegengesetzt zum Strom (Elektronen haben eine negative Ladung). In der Batterie schließen die Ionen den inneren Stromkreis der Batterie. **Die Ionen bewegen sich zur positiven Platte, und die negativen Ionen bewegen sich zur negativen Platte.**

die, wie wir schon festgestellt haben, auch Ladungsträger sind, geschlossen. Weil es zwei Arten Ionen gibt, positive und negative, treten eigentlich zwei Ionenströme in entgegengesetzter Richtung auf (siehe Schema). Während der Entladung strömen die geladenen Teilchen in derselben Richtung.
Die Zelle liefert uns also einen „Gleichstrom".

2.2 Chemische Reaktionen

Die Stoffe, die bei der chemischen Reaktion in der Batterie eine Rolle spielen, nennt man aktive Stoffe. Man findet sie in den Elektroden (Platten) und in der Batterieflüssigkeit (Elektrolyt). Die Stoffe sind (wenn die Batterie geladen ist):
positive Elektrode: Bleidioxid PbO_2
negative Elektrode: Blei Pb
Elektrolyt: Schwefelsäure H_2SO_4.
An der Oberfläche der Elektroden, dort wo der Ionenstrom in einen Elektronenstrom übergeht, reagieren bei der Entladung und Ladung die chemischen Stoffe in der Zelle miteinander. An der positiven Elektrode wird Bleidioxid (PbO_2) zu Bleisulfat ($PbSO_4$). Dies bedeutet, daß während der Reaktion 2 Elektronen vom Atom aufge-

```
Schema der Reaktionen:

  + PbO₂ + H₂SO₄ + 2H⁺ + 2e⁻     →   PbSO₄ + 2 H₂O

  − Pb + SO₄⁻                    →   PbSO₄ + 2e⁻

Gesamt: PbO₂ + Pb + 2 H₂SO₄ + 2e⁻ →   2 PbSO₄ + 2 H₂O + 2e⁻
```

nommen werden. An der negativen Elektrode wird Blei (Pb) zu Bleisulfat (PbSO$_4$), wobei 2 Elektronen vom Atom abgegeben werden.

Die freien Elektronen an der negativen Elektrode (2e$^-$) bewegen sich in dem äußeren Stromkreislauf zur positiven Elektrode. Dort werden sie während der Reaktion wieder vom Atom aufgenommen. Bemerkenswert ist für Chemiker, daß Blei

Wenn eine ganz oder nur teilweise leere Batterie an eine andere Spannungsquelle angeschlossen wird (und zwar Plus an Plus und Minus an Minus), dann wird ein Strom entgegengesetzt zum Entladestrom fließen, vorausgesetzt, daß die andere Spannungsquelle eine höhere Spannung hat als die Batterie. Während dieser „Ladung" werden die chemischen Stoffe in umgekehrter Reihenfolge reagieren.

und dem Elektrolyt ein Potentialunterschied entsteht. Wenn dieser gleiche Vorgang wiederholt wird, mit dem Unterschied, daß man statt einer Bleielektrode eine andere Elektrode aus einem anderen Material einsetzt, wird auch hier ein Potential zwischen dieser Elektrode und dem Elektrolyt entstehen. Das Potential hat aber in diesem Fall einen anderen Wert, weil wir ja auch ein anderes Material verwendet haben. Indem beide Potentiale voneinander subtrahiert werden, ergibt sich die Potentialdifferenz oder der Spannungsunterschied zwischen den beiden Elektroden.

In der Praxis nennt man die Potentialdifferenz die „Spannung", mit der Einheit „Volt" (V). Die Spannung einer elektrischen Zelle ist von den aktiven Stoffen in der Zelle abhängig. Die Kombination Bleidioxid/Blei/Schwefelsäure hat einen Spannungsunterschied von ungefähr 2 V. Diese Spannung ist die Summe aus den zwei Teilspannungen zwischen der positiven Elektrode, der negativen Elektrode und dem Elektrolyt. Diese Elektrodenspannungen kann man mit einer Cadmium-Hilfselektrode („Cadmiumspannungen") feststellen.

Diese Spannungen sind abhängig von der Konzentration des Elektrolyts (Schwefelsäuregehalt = spezifische Masse SM). Sie kann mit der nachfolgenden Formel errechnet werden:

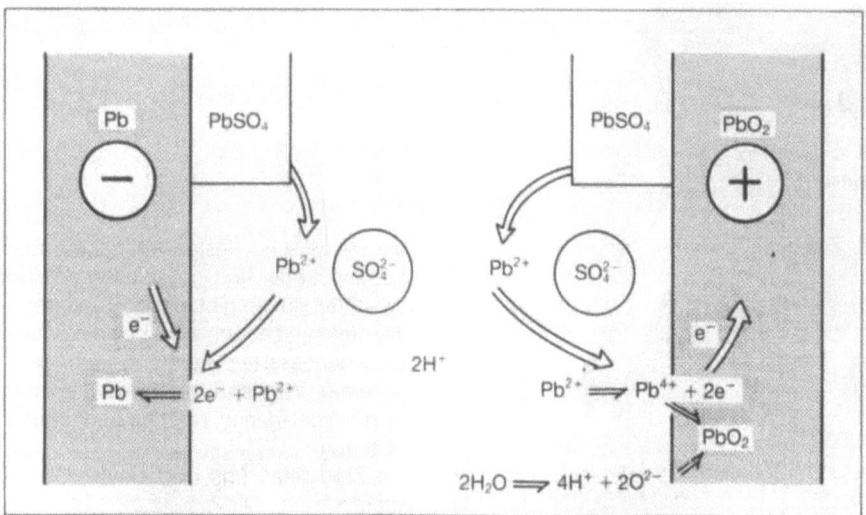

positive Teilspannung
$= 1{,}20\ V + 0{,}8\ V/(kg/l) \times SM\ [kg/l]$
negative Teilspannung
$= 0{,}36\ V - 0{,}2\ V/(kg/l) \times SM\ [kg/l]$
Spannungsdifferenz
$= 0{,}84\ V + 1\ V/(kg/l) \times SM\ [kg/l]$.

Bild 10: Die chemische Reaktion an den Elektroden, wenn die Batterie geladen ist.
An den zwei Elektroden teilt sich Bleisulfat in Pb^{2+} und in SO$_4^{2-}$, wobei an der einen Platte das Blei-Ion oxidiert, indem zwei Elektronen freigesetzt werden und Bleidioxyd (PbO$_2$) bilden. An der anderen Platte reduziert das Blei-Ion seine Ladung, indem es zwei Elektronen aufnimmt und sich reines Blei (Pb) bildet. Die Wasserstoff-Ionen (H$^+$) reagieren mit dem Säurerest (SO$_4^{2-}$) und bilden Schwefelsäure (H$_2$SO$_4$).

verschiedene Valenzen hat. Das bedeutet, daß das Atom verschiedene Bindungsmöglichkeiten mit anderen Atomen hat. Blei bindet sich zum Beispiel mit Sauerstoff (PbO$_2$). In dieser Verbindung ist Blei tetravalent, weil es mit dem bivalenten Sauerstoff (O^{--}) zwei Verbindungen hat. Im Bleisulfat ist Blei jedoch bivalent, denn es hat nur eine Verbindung mit der bivalenten Sulfatgruppe (SO$_4^{--}$). Einfaches Blei hat dagegen eine Valenz gleich Null. Diese Eigenschaft, daß Blei mehrere Valenzen haben kann, ist im Hinblick auf seine Einsatzfähigkeit in Batterien sehr wichtig.

2.3 Die Potentialdifferenz

Wenn man die richtige Elektrode, wie zum Beispiel eine Bleiplatte, in einen Elektrolyt, zum Beispiel verdünnte Schwefelsäure, stellt, treten an der Oberfläche der Platte Phänomene auf, die für diesen Aufbau typisch sind. Das Blei gibt in einem Elektrolyt positive Ionen ab, die sich in der Flüssigkeit frei bewegen. Die Elektrode hat dann zu viele und der Elektrolyt zu wenig Elektronen (die Blei-Ionen in der Lösung verursachen eine Ladungsverschiebung). Die Folge ist, daß zwischen der Elektrode

Wenn die spezifische Masse 1,28 kg/l ist, ist die Spannung der Zelle (wenn die Zelle geladen ist) 2,12 V. Mit der Zellenspannung ist die Spannung gemeint, die gemessen wird, wenn die Zelle unbelastet ist. Wie sich aus der chemischen Reaktion ergibt, reduziert sich während der Entladung die Menge der Schwefelsäure. Sie bindet sich als Sulfat an den beiden Elektroden. Außerdem entsteht während der Reaktion Wasser (H$_2$O). Während der Entladung verringert sich die Konzentration beziehungsweise die spezifische Masse der Zellenflüssigkeit. Dadurch sinkt (wenn man obengenannte Formel betrachtet) die Zellenspannung. Für den Fall, daß die Zelle ganz entladen ist, ist die spezifische Masse der Zellenflüssigkeit 1,12 kg/l. Der Wert der Zellenspannung ist in diesem Fall 0,84 V + 1,12 V = 1,96 V.

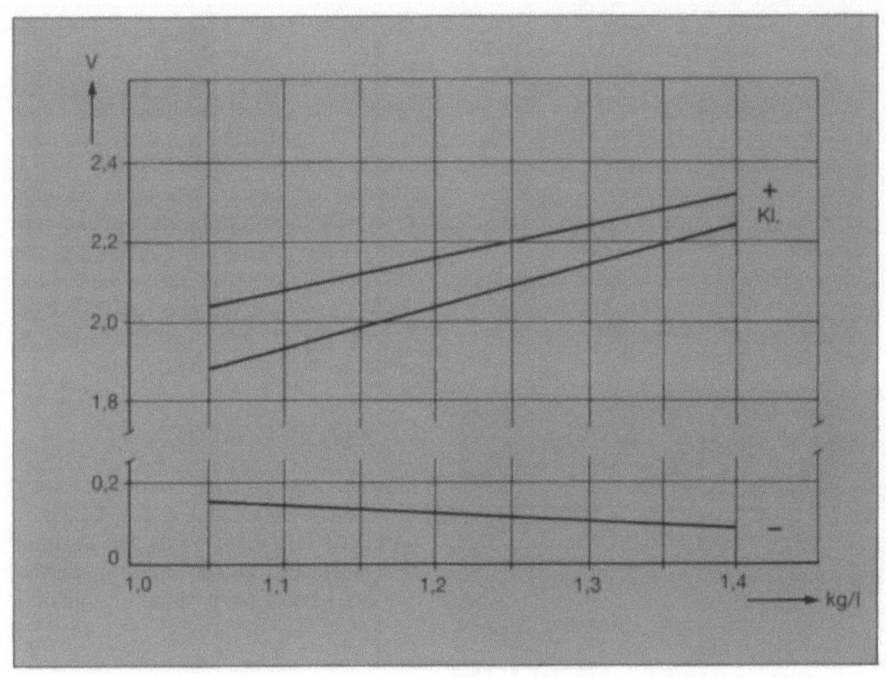

und Elektroden. Der Gesamtspannungsunterschied ist ungefähr 2 V. Weil Geräte eine bestimmte Spannung brauchen, werden in der Praxis Zellen in Reihe geschaltet. In der Industrie nennt man diese Schaltung eine Batterie oder Akku. In der Automobilindustrie wird sie Batterie genannt. Der Begriff Akku wird selten gebraucht.

Bild 11: Zwischen den zwei Elektroden und dem Elektrolyt befindet sich ein elektrisches Potential.
Das Potential ist von der Säurekonzentration (spezifische Masse) abhängig. Die Klemmenspannung (zwischen den Polen) ist die Summe des positiven Potentials mit dem negativen Potential.

2.4 Zusammenfassung

Eine Batterie ist ein Energieumformer. Sie kann elektrische Energie, die sie aufgenommen hat, in chemische Energie umwandeln und umgekehrt. Während dieser Energieumwandlung treten chemische Reaktionen auf. Im Gegensatz zu einer normalen chemischen Reaktion wird in einer Batterie die Reaktionsenergie als elektrische Energie freigesetzt.

Die aktiven Stoffe in den Elektroden sind Bleidioxid (PbO_2) und Blei (Pb). Die verdünnte Schwefelsäure ($H_2SO_4 + H_2O$) beteiligt sich auch an der chemischen Reaktion. Es bildet sich während der Entladung an beiden Elektroden Bleisulfat. Deswegen sinkt die Konzentration der Schwefelsäure.

Wenn die Batterie geladen wird, reagieren die Stoffe in umgekehrter Reihenfolge. Die Anfangssituation wird wieder erreicht. Die Schwefelsäurekonzentration steigt wieder. Der elektrische Strom, der während der Entladung und Ladung fließt, wird durch einen geschlossenen Stromkreis geleitet. In der Flüssigkeit der Batterie stellen die Ionen die Ladungsträger dar, die einen Elektrizitätstransport in der Lösung ermöglichen. Ionen sind Teilchen, Atome oder Moleküle, die zu viele oder zu wenige Elektronen haben. Im äußeren Stromkreislauf fließen die Elektronen. Die Batterie liefert eine Gleichspannung. Die elektrische Spannung einer Batterie ergibt sich aus zwei Teilspannungen, nämlich aus den beiden Elektrodenpotentialen zwischen Elektrolyt

Bild 12: Ortsfeste Batterien für die Notstromversorgung und die Signalverarbeitung.
SM-Messung zur Kontrolle des Ladezustandes.

3 Konstruktion

3.1 Der Einsatz von Blei als Basismaterial

Die meisten Batterien sind Blei/Schwefelsäure-Batterien (Kapitel 2). Als Basismaterial wird Blei (chemisches Symbol Pb) verwendet. Wenn Blei vergossen wird, glänzt es silbrig. Nach einiger Zeit wird die Metalloberfläche matt blau-grau. Das Metall ist ziemlich weich (Brinellhärte $H_B = 3 \frac{N}{mm^2}$), die Dichte beträgt 11,34 g/cm³ und der Schmelzpunkt ist 327,4 °C. Für die Produktion des aktiven Elektrodenmaterials wird reines Feinblei (99,99%) verwendet, alle übrigen Teile sind aus einer Hartbleilegierung. Hartblei ist üblicherweise mit Antimon (Sb) legiertes Blei, zum Teil wird auch Calcium oder Strontium zur Erhöhung der mechanischen Festigkeit zulegiert.

Von VARTA wurde eine sehr gute Legierung entwickelt. Sie wird von vielen Batterieproduzenten verwendet und ist eine Bleilegierung mit einem sehr niedrigen Antimon- und Selengehalt (Pb/Sb/Se). Diese Legierung hat eine feinkörnige Kristallstruktur und ist deswegen sehr korrosionsfest. Die Bleilegierung ist viel härter und elastischer als reines Blei. Sie ist darum auch besser maschinell zu verarbeiten. Die Zusatzstoffe haben Nachteile. Das Antimon verursacht zum Beispiel eine Selbstentladung und eine Gasbildung. Darum wird heutzutage ein sehr niedriger Antimongehalt verwendet (1%–3%, im Gegensatz zu früher 8%–12%).

3.2 Bleiverbindungen

Man findet in den Elektroden oder Platten der Batterie verschiedene Bleiverbindungen. Da ist zum Beispiel das gelbe Bleioxid (PbO). Das Blei wird zu Pulver gemahlen, wonach es bei einer erhöhten Temperatur

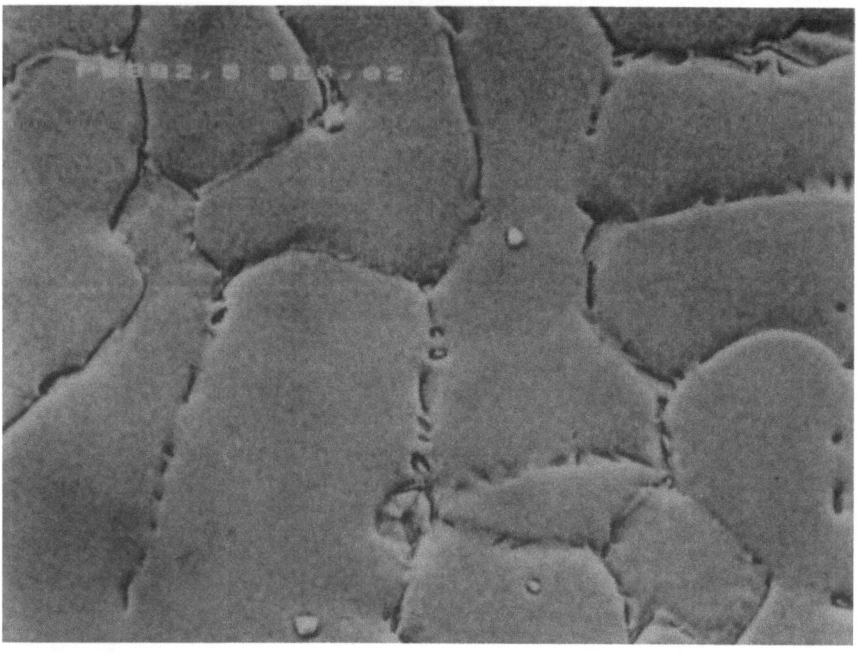

Bild 13 und 13a: In der patentierten VARTA-Blei-Antimon-Selen-Legierung werden regelmäßig verteilte Selen- und Bleikristalle als Härtekerne eingesetzt.
Dieses Material bekommt dadurch eine sehr regelmäßige feinkörnige Struktur.

– Mikrofoto von der Kristallstruktur einer einfachen Bleilegierung.

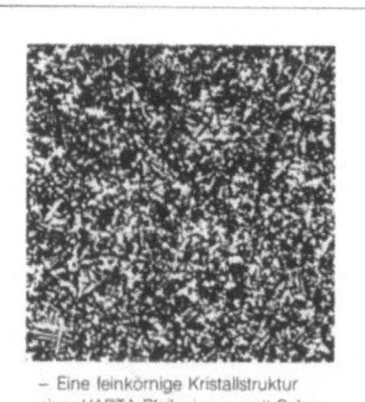

– Eine feinkörnige Kristallstruktur einer VARTA-Bleilegierung mit Selen.

Bild 14: Strukturen von verschiedenen Bleilegierungen.

mit Sauerstoff oxydiert. Es wird dann Bleipulver genannt. Eine andere Sorte Bleidioxid ist Bleimennige (Pb_3O_4). Es hat eine orange-rote Farbe. Zur Verarbeitung des aktiven Elektrodenmaterials (oft aktive Masse genannt) werden die beiden Oxide alleine oder zusammen verwendet. Sie werden als Paste (gemischt mit verdünnter Schwefelsäure) oder als Puder in den Batterieplatten verwendet. Wenn man es mit der Batteriesäure mischt, reagiert das Bleioxid und wird größtenteils zu Bleisulfat. Außerdem gibt es noch das Bleidioxid (PbO_2). Es hat eine dunkelbraune Farbe und entsteht an der positiven Bleiplatte während der Ladung der Batterie. Die Batterieflüssigkeit oder der Elektrolyt ist, wie wir schon vorher erwähnt haben, eine Mischung aus Wasser (H_2O) und Schwefelsäure (H_2SO_4).

Der Elektrolyt ist nicht nur wichtig als aktives Material, sondern leitet außerdem den Strom innerhalb der Batterie. Die Leitfähigkeit ist abhängig von der Konzentration. Sie hat maximal einen Wert von 25 (spezifische Masse 1,17) bis 37 (spezifische Masse 1,28) Volumenprozent. Die spezifische Masse ist abhängig vom Batterietyp und variiert bei einer geladenen Batterie ungefähr zwischen 1,20 und 1,28.

3.3 Die Batterieplatten

Die Elektroden einer Batteriezelle sind Platten, die parallel geschaltet sind. Die größte Effizienz wird erreicht, wenn die positive Platte und die negative Platte abwechselnd in der Batterie eingebaut sind. Die Enden der positiven Platten sind mittels Plattenverbinder zusammengeschweißt. Dies gilt auch für die Enden der negativen Platten. Eine Batterieplatte ist ein Rahmen, der aus einer Bleilegierung gestanzt oder gegossen wird. Im Rahmen befindet sich das aktive Material. Außerdem leitet er den elektrischen Strom. Der Rahmen hat also zwei Funktionen: eine mechanische und eine elektrische. Die Art der Batterieplatten, die eingesetzt werden, ist vom Batterietyp abhängig. Die wichtigsten Platten sind:

1. Gitterplatten

Das Gitter hat Löcher. Sie können abhängig vom Batterietyp unterschiedliche Formen haben. Sie werden mit einer Art Paste zugeschmiert. Die Paste ist ein Gemisch aus Bleipulver, verdünnter Schwefelsäure und ande-

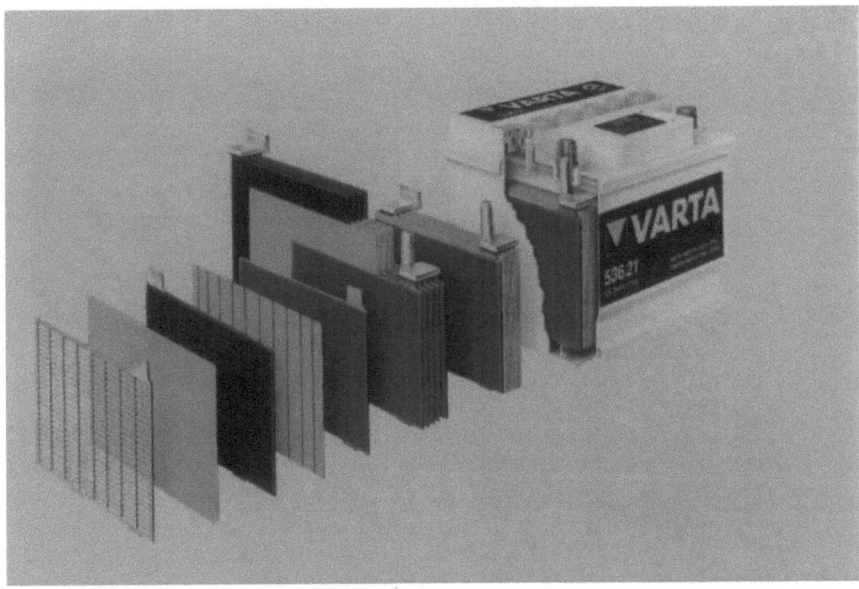

Bild 15: Konstruktion einer normalen VARTA-Batterie.

ren speziellen Zusätzen. Die Paste wird hart, wenn sie mit einem speziellen Trockenverfahren („curing") bearbeitet wird. Die Temperatur und die Feuchtigkeit während des Trockenverfahrens sind wichtig und werden darum auch andauernd kontrolliert. Sowohl die negative als auch die positive Platte werden nach dem gleichen Verfahren, jedoch mit unterschiedlicher Zusammensetzung, produziert. Gitterplatten werden hauptsächlich in Starterbatterien verwendet. Außerdem kommen sie in einer etwas geänderten Form als negative Platten für ortsfeste Batterien und Antriebsbatterien zum Einsatz.

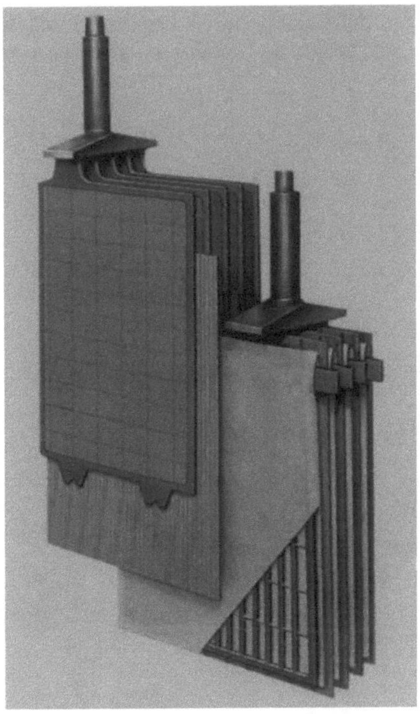

2. Rohrplatten

Der Rahmen ist aus Röhrchen zusammengebaut, die mit einem Ende an einer Bleileiste zusammengeschweißt sind. Die Röhrchen sind an verschiedenen Stellen zentriert. Sie werden in Kunstfaser oder in mit Glaswolle gefütterte, gelöcherte Kunststoffhülsen gewickelt. Außerdem füllt man sie mit Bleipulver und/oder Bleimennige. Das andere Ende der Röhrchen wird mit einem Stück Kunststoff verschlossen. Rohrplatten werden als positive Platten in ortsfeste Batterien und Antriebsbatterien eingesetzt. Sie sind sehr stabil und belastbar (zum Beispiel für Batterien in elektrischen Gabelstaplern). Sie können ca. 1500 mal vollständig geladen und entladen werden.

3. Großoberflächenplatten (Industriebatterie)

Das Gestell ist aus reinem weichen Blei gegossen. Die Oberfläche hat viele, sehr eng nebeneinander liegende Rippen. Die Platten werden abwechselnd positiv und negativ geladen, dadurch entsteht auf der Oberfläche aus dem Bleisulfat eine Schicht Bleidioxid. Diese dicken Platten (8 bis 12 mm) haben wegen ihrer großen Massenreserve

Bild 16: Ortsfeste Zelle mit positiven Röhrchen- und negativen Gitterplatten.

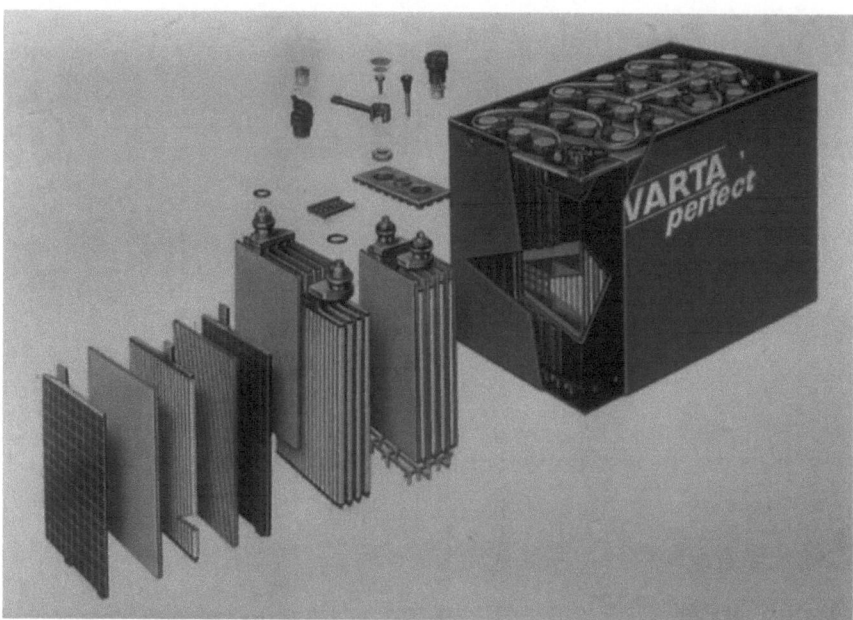

Bild 17: VARTA Antriebsbatterie.
Die Zellen werden mit positiven Röhrchenplatten und negativen Gitterplatten ausgestattet.

(das Blei im Zentrum der Rippen) eine lange Lebensdauer. Mechanische Belastungen vertragen diese Batterien schlecht. Sie kommen darum hauptsächlich in ortsfesten Batterien zum Einsatz.

4. Kastenplatten (Industriebatterie)
Das Gerippe hat große Löcher. Die Seiten werden mit einem gelöcherten Bleiblech abgedeckt, wodurch eine Box entsteht, in die das aktive Material als Paste eingefüllt wird. Diese Platten wurden früher als negative Platten in ortsfesten Batterien eingesetzt. Heutzutage werden sie aber oft durch Gitterplatten ersetzt.

3.4 Separatoren

In der Batterie dürfen die Platten mit den verschiedenen Polaritäten einander in keinem Fall berühren. Passiert dies trotzdem, dann gibt es einen Kurzschluß. Dies führt zu einer schnellen Entladung, die nach einiger Zeit einen Defekt der Batterie verursacht. Darum werden zwischen den verschiedenen Platten Separatoren eingesetzt. Diese bestehen aus Isolierungsmaterial und werden nicht von der Schwefelsäure angegriffen. Die Separatoren sorgen dafür, daß der Abstand zwischen den Platten gleich bleibt. Die Struktur der Separatoren ist sehr wichtig, sie muß mikroporös sein, weil sie den elektrischen Strom (die freien Ionen) ungehindert durchlassen sollen. Früher wurde Holz als Separatormaterial verwendet. Weil im Holz organische Substanzen enthalten sind und weil das Holz nicht säurebeständig ist, wird es heute durch Kunststoffe ersetzt. Heutzutage werden Folienseparatoren mit einer speziell behandelten Zelluloseart verwendet. Sie werden ohne oder mit Kunststoffrippen aus gesintertem Kunststoff oder aus einer hochporösen Kunststoffolie eingesetzt. In manchen Batterien sind sie mit einer Glaswollmatte ausgestattet. Dieses Material fixiert die positive Platte und das aktive Material, wodurch der Verschleiß der Platten kleiner wird. Sie sind etwas größer als die Platten, damit kein Kurzschluß an den Rändern der Platten auftritt. Manchmal werden die Platten wie eine Art Briefumschlag verpackt (Folien-Separator). Die Platte ist damit noch besser geschützt (VARTA „Super heavy duty" und „Grand Prix" Starterbatterien).

3.5 Das Batteriegehäuse

Früher baute man die Batteriegehäuse aus Holz, Glas oder Hartgummi. Heutzutage werden sie fast nur noch aus einem Kunststoff, nämlich Polypropylen produziert. Dieses Material ist praktisch unzerbrechlich und kann gut verarbeitet werden (Schweißen). In der Industrie werden sehr oft Einzelzellen verwendet. Ortsfeste Batterien werden aus Einzelzellen zusammengesetzt. Sie befinden sich in einem Stahl- oder Holzrost. Antriebsbatterien werden meistens in einen säurefesten Stahlkasten eingebaut. Wenn kleinere Leistungen benötigt werden, werden 3 oder 6 und manchmal 12 Zellen in einem Gehäuse eingebaut. Eine 12-V-Batterie hat zum Beispiel 5 Trennwände, die die Batterie in 6 Zellen teilt. Der Boden jeder Zelle hat vier Rippen oder Prismen, auf denen die Platten gelagert werden. Dazwischen ist ein Spalt, in den verschiedene

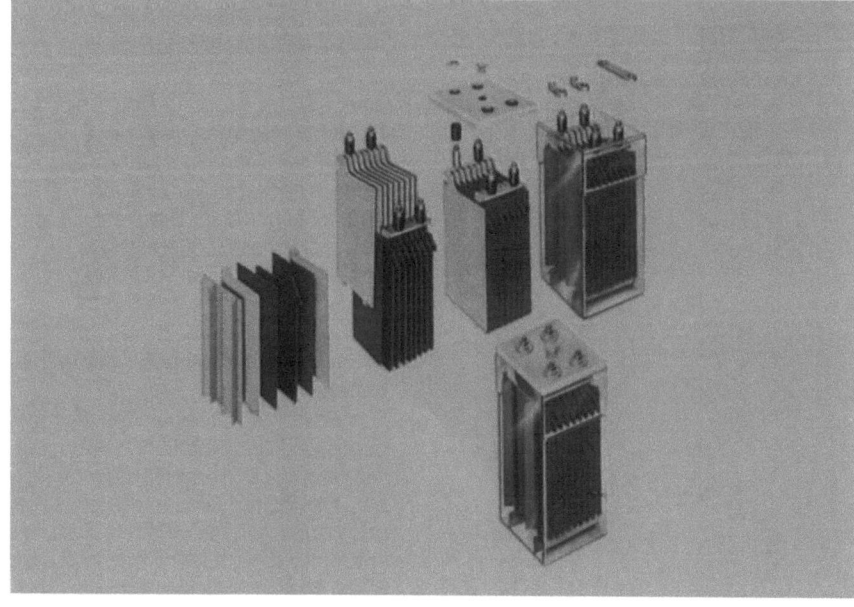

Bild 18: VARTA GRO-E Zelle mit einer positiven großflächigen Platte für ortsfeste Batterien.

Teilchen fallen können. Wenn der Spalt nicht wäre, würden sie einen Kurzschluß verursachen. Wenn man jedoch Folienseparatoren verwendet, wird dieser Spalt nicht mehr benötigt. Den Platz kann man jetzt zusätzlich für die Platten gebrauchen.

3.6 Batteriedeckel

Batteriedeckel sind aus Polypropylen. Sie haben zwei Öffnungen für die Pole der Batterie. Außerdem haben sie mehrere Öffnungen, um die Batterie mit Batterieflüssigkeit zu füllen. Diese Öffnungen werden mit einer Verschlußkappe, die ein Ventilationsloch hat, geschlossen. Man-

Bild 19: Moderne ortsfeste Batterien, die mit einem Kunstoffkasten ausgestattet sind.
Kleinere Modelle haben Doppelzellen oder Dreifachzellen.

che Batterien haben ein zentrales Entlüftungssystem. Die Zellen sind in diesem Fall durch einen Entlüftungskanal verbunden, der eine Öffnung nach außen hat. Zum Beispiel verbindet in Antriebsbatterien ein Schlauch die Zellen mit der Umgebung. Es gibt Batterien, die keine offene Verbindung mit der Umgebung haben. Sie haben ein Überdruckventil, das sich öffnet, wenn der Druck in der Batterie steigt. Batteriedeckel sind manchmal in der „Sandwich"-Bauart ausgeführt. Sie haben keine Öffnungen zum Nachfüllen oder zum Entlüften und keine Schraubverschlüsse. Die Batterien werden mit der Flüssigkeit aufgefüllt, bevor der Deckel verschweißt wird. Die Batterie wird durch ein labyrinthähnliches System, das sich im Deckel der Batterie befindet, entlüftet. Man spricht in diesem Fall von einer zentralen Entlüftung. Ein Nachteil solcher Batterien ist, daß man sie nicht mit destilliertem Wasser nachfüllen kann.

3.7 Zellenverbinder und Pole

Die gewünschte Systemspannung bekommt man, indem man die Zellen mit Zellenverbinder verbindet. Es wird immer der negative Pol einer Zelle mit dem positiven Pol der nächsten Zelle verbunden. In Batterien mit Einzelzellen sind diese Verbindungen außerhalb der Batterie. Es sind meistens geschraubte oder geschweißte Blei- oder Kupferverbindungen, die einen Kabelschuh haben. Moderne Starterbatterien haben jedoch innenliegende Zellenverbinder. Die Polbrücken haben Stielleitungen, die durch ein Loch in der Batteriewand zusammengeschweißt sind.
Von VARTA wurde eine Sonderausführung entwickelt: der „VARTACON"-Zellenverbinder. Es werden beim VARTACON-System während der Montage zwei Polbrücken zusammen mit dem Zellenverbinder aus einem Stück gegossen. Der große Vorteil ist, daß die Länge der Zellenverbinder so kurz wie möglich gehalten wird. Deshalb haben sie einen kleinen elektrischen Widerstand. Außerdem entstehen keine Schweißfehler. Die Verbindung wird mit Polypropylen isoliert, so daß die Säure nicht mehr von einer Kammer zur anderen Kammer fließen kann.

3.8 Die Endpole

Weil die Batterie mit anderen Aggregaten verbunden wird, ist sie mit Endpolen ausgestattet. Es sind meistens konische Pole nach DIN-Norm. Der positive Pol ist etwas dicker als der negative Pol, so daß die Verwechslung der beiden Anschlüsse nicht möglich ist. Es werden manchmal flache Pole verwendet. Sie haben ein Bolzenloch, so daß eine Kabelschuhverbindung angeschlossen werden kann. In der Industrie werden oft Batterien verwendet, die Pole mit einem Kupferkern haben. Sie leiten wegen ihrer großen Leitfähigkeit größere Ströme besser.

3.9 Die Masse der Batterie

Wenn eine Amperestunde pro Zelle geliefert werden soll, braucht man eine bestimmte aktive Masse pro Zelle:

+ Platte (PbO_2) Bleidioxid	: 4,46 g
− Platte (Pb) Blei	: 3,86 g
Flüssigkeit (H_2SO_4) Schwefelsäure	: 3,65 g
Insgesamt	: 11,97 g.

Eine 12-V-Batterie mit einer Amperestunde wiegt also 72 g/Ah. Die Batteriemasse

Bild 20: Das VARTACON Zellenverbindersystem.
Die Polbrücke der zwei benachbarten Zellen (+ beziehungsweise −) sind aus einem Stück gegossen. Im Batteriekasten werden sie in Polypropylen gegossen, damit eine säuredichte Verbindung entsteht.

überschreitet in der Praxis mehrfach die theoretische Masse der Batterie, weil in der Batterie eine Zusatzmasse vorhanden ist. Mit Zusatzmasse wird hier gemeint: nicht aktives Blei (Gitter, Verbindungen, Pole), Wasser, Kasten, Separatoren, Verschlußkappen und so weiter. In diesem Zusammenhang spricht man von Energiedichte, die in Wh/kg Batteriemasse ausgedrückt wird. Sie ist abhängig von der Konstruktion der Batterie. So hat eine moderne Batterie eine Energiedichte von 45 Wh/kg, Antriebsbatterien haben 30 bis 40 Wh/kg und ortsfeste Batterien haben 15 bis 25 Wh/kg.

3.10 Zusammenfassung

Eine Batterie ist aus 2-V-Zellen aufgebaut, die in Reihe geschaltet sind. Eine Starterbatterie ist ein Kasten aus Polypropylen mit sechs Zellenabschnitten. In jeder Zelle ist eine Anzahl positiver und negativer Batterieplatten. Platten mit derselben Polarität stehen miteinander mittels einer Polbrücke in Verbindung. Sie bilden zusammen eine Plattengruppe. Positive und negative Platten wechseln sich gegenseitig in der Reihenfolge ab. Zwischen den Platten befindet sich immer ein Separator, der die Platten mit unterschiedlicher Polarität voneinander isoliert. Die Zellenverbinder verbinden die Zellen in den Zwischenwänden miteinander. Der Kasten wird durch einen Deckel verschlossen, auf dem zwei Endpole sitzen. Der Deckel hat Nachfüllöffnungen, die mittels einer Verschlußkappe verschlossen werden. Manchmal hat die Unterseite, wenn Nachfüllöffnungen oder Entlüftungsöffnungen nicht vorhanden sind, eine labyrinthähnliche Struktur. Gase, die entstehen, werden durch dieses zentrale Netz nach außen geleitet.

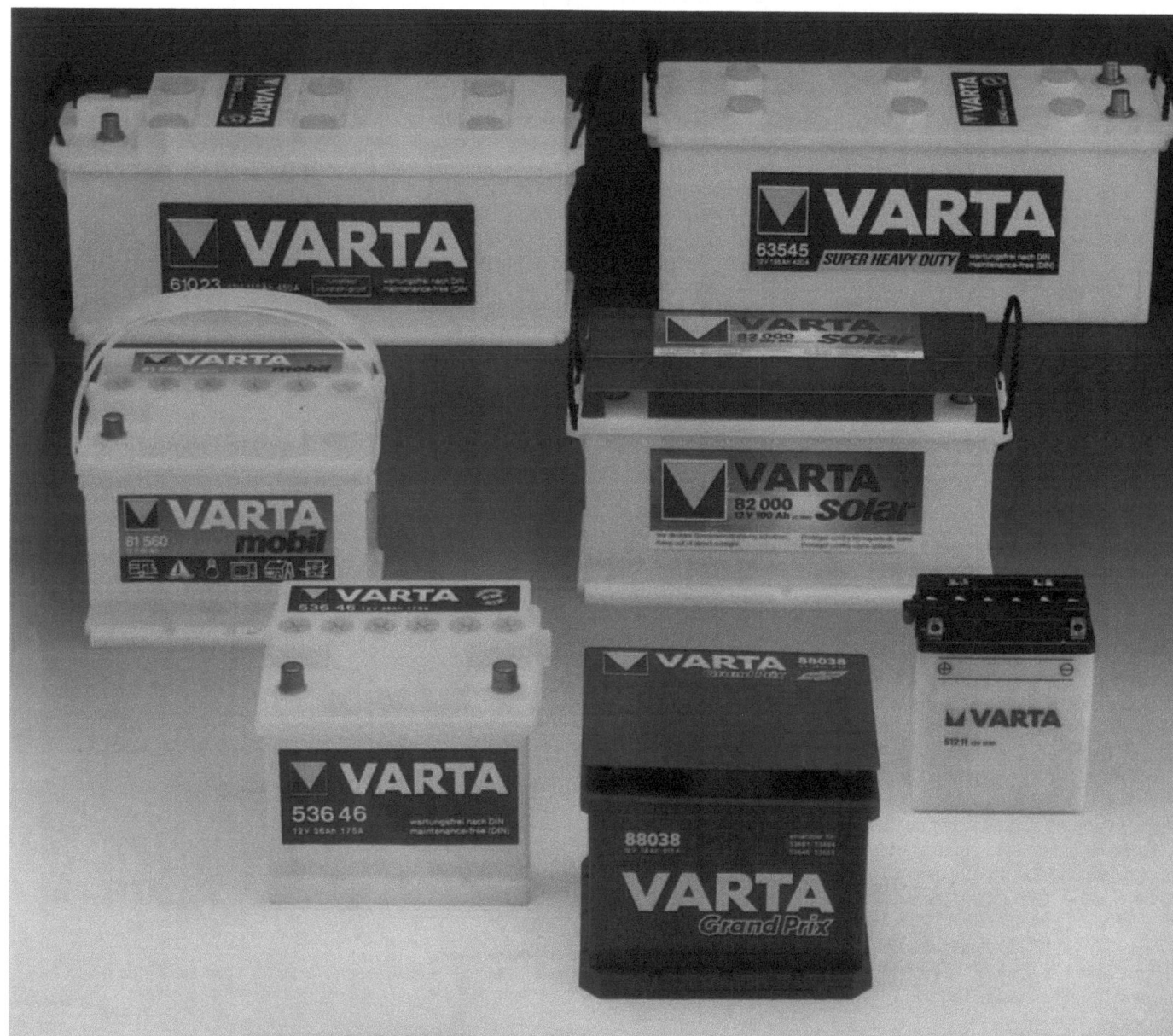

Bild 21: Verschiedene Modelle von einer VARTA 12 V „Automotiv" Batterie.

4 Batterietechnische Größen und Begriffe

Die Funktionen und Eigenschaften einer Batterie können mit bestimmten Größen und Begriffen zusammengefaßt werden. Diese Begriffe sind oft aus anderen technischen Fachgebieten bekannt. Sie haben manchmal eine etwas andere Bedeutung oder werden mit anderen Größen bezeichnet. Nachstehend werden die wichtigsten Größen behandelt.

4.1 Chemische Stoffe

Eine Reihe von Stoffen, die wir auf unserem Planeten finden, sind ein Gemisch aus verschiedenen chemischen Elementen oder Verbindungen. Sie können mit Verfahren wie Waschen, Filtrieren, Destillieren und Schmelzen voneinander getrennt werden. Man stellt fest, wenn die Stoffe untersucht werden, daß sie aus kleinen Teilchen aufgebaut sind. Die kleinen Teilchen bezeichnet man in der Chemie als Moleküle.

4.2 Moleküle und Atome

Moleküle sind die kleinsten Teilchen in einer chemischen Verbindung, die die Eigenschaften dieser Verbindung kennzeichnen. Moleküle können mit Hilfe verschiedener chemischer Verfahren in kleinere Teilchen zerlegt werden. Diese Teilchen nennt man Atome. Es gibt 103 verschiedene chemische Elemente. Die Atome der meisten Elemente bilden ein Gemisch von Isotopen (Mischelemente), nur etwa 20 bestehen aus einer einzigen Atomsorte. Bleibatterien sind aus den Elementen Blei (Pb), Sauerstoff (O_2), Wasserstoff (H_2) und Schwefel (S) aufgebaut (Wasserstoff und Sauerstoff kommen als Moleküle vor). Diese Elemente gibt es als reine Verbindung, es gibt sie jedoch auch in Verbindung mit anderen Elementen.

4.3 Chemische Verbindungen

Ein Molekül, das aus verschiedenen chemischen Elementen aufgebaut ist, nennt man auch eine chemische Verbindung. Sie können einfach hergestellt werden, sind aber sehr oft von hoher Komplexität (organische Verbindungen in lebenden Organismen). In Bleibatterien gibt es die Verbindungen Bleidioxid (PbO_2), Wasser (H_2O), Schwefelsäure (H_2SO_4) und Bleisulfat ($PbSO_4$).

4.4 Die elektrische Ladung

Atome sind aus einem Atomkern und Elektronen, die sich um den Atomkern bewegen, aufgebaut. Ein Atomkern hat eine bestimmte Masse. Der Kern von einem Blei-Atom hat eine 200mal größere Masse als der Kern eines Wasserstoffatoms. Elektronen haben im Verhältnis zu Atomkernen eine sehr kleine Masse. Beide haben elektrische Eigenschaften, die unterschiedlich in der Polarität sind. Elektronen haben eine negative Ladung, im Gegensatz zu Atomkernen, die eine positive Ladung haben. Gleichartig geladene Körper stoßen sich gegenseitig ab, im Gegensatz zu ungleichartig geladenen Körpern. Im stabilen Zustand sind die Ladungen von Molekülen und Atomen neutral, dies bedeutet, daß die Summe der negativen Ladungen (Elektronen) und der positiven Ladungen (im Atomkern) insgesamt gleich Null ist. Die Einheit der elektrischen Ladung ist ein „Coulomb" ($1C = 6{,}2 \times 10^{18}e$).

4.5 Elektronen

Diese negativen Ladungsträger bewegen sich, im Gegensatz zu den Atomen, im elektrischen Leiter (zum Beispiel Metalle). In einem Zustand (zum Beispiel Batterien) haben Atome oder Atomgruppen ein oder mehrere Elektronen zuviel. Dies ist der Fall, wenn Elektronen das elektrische Feld des Atomkerns verlassen (Ionisation) oder wenn Moleküle sich in Ionen spalten (Dissoziation). In beiden Fällen bilden sich Ionen.

Ionen sind Atome oder Atomgruppen, die zu viele oder zu wenige Elektronen haben. Dadurch ist die Summe der Ladungen positiv (Ladung des Atomkerns (Anzahl der Protonen) > Ladung der Elektronenhülle (Anzahl der Elektronen)) oder negativ (Ladung der Elektronenhülle (Anzahl der Elektronen) > Ladung des Atomkerns)). Ionen nennt man in diesem Fall „Ladungsträger". Die Ionen, die es in Bleibatterien gibt, sind: Blei Pb^{++}, Wasserstoff H^+, Sauerstoff O^{--} und ein Säurerest oder Sulfat-Ion SO_4^{--}.

4.6 Der elektrische Strom

Elektronen haben die Eigenschaft, daß sie sich durch elektrische Leiter bewegen können. Die Eigenschaft gilt auch für Ionen, jedoch bewegen sich Ionen in einer wäßrigen Lösung, wie zum Beispiel Salzlösungen, Säurelösungen und Laugen.

Ein elektrischer Strom ist also eine gerichtete Bewegung von Ladungsträgern. Der äußere Stromkreis einer Batterie ist ein elektrischer Leiter. Der Stromkreis wird von einem Ionenstrom in der Flüssigkeit geschlossen. Die Größe des Stroms ist proportional zur Größe der Ladung. Die elektrische Stromstärke hat das Symbol I. Die Einheit der elektrischen Stromstärke ist das Ampere, abgekürzt „A". Ein Strom von einem Ampere gleicht einer Ladungsverschiebung von einem Coulomb pro Sekunde ($1A = 1C/s$).

4.7 Die Kapazität

Eine geladene Batterie ist in der Lage, während eines bestimmten Zeitraumes einen elektrischen Strom zu liefern. Strom und Zeitraum finden wir in einer anderen Größe wieder, und zwar in der Leistung, die die Batterie bringt. Sie wird Kapazität genannt. Die Einheit der Kapazität einer Batterie ist Amperestunde (Ah), d.h. die Fähigkeit einer Batterie, Elektronen im Stromkreis „herumzupumpen", wird in Ah (Amperestunden) angegeben. Diese Einheit ist das Produkt von Stromstärke × Zeit (Ampere × Stunden). 1 Ah ist gleich 3600 Coulomb. Die Kapazität wird auch für

Bild 22: Batterien erfüllen eine wichtige Rolle bei der Notstromversorgung elektr(on)isch gesicherter Anlagen, wie zum Beispiel elektrische Zentralen, Produktionsanlagen und Bahnhöfe.
Im Falle eines Stromausfalles übernehmen die Batterien die Stromversorgung.

Kondensatoren verwendet. Für Kondensatoren gilt $C = Q/U$, wobei C die Kapazität; die Einheit ist $[C] = As/V$. Die Ladung einer Batterie ist also eigentlich eine Art gespeicherte chemische Energie.

Bild 23: Gasdichte Nickel-Cadmium-Batterien versorgen die Notrufsäulen an den Autobahnen.

4.8 Urspannung oder elektromotorische Kraft

Dies ist die Kraft, die von einer elektrischen Ladung ausgeübt wird. Sie wird darum auch elektromotorische Kraft (EMK) genannt. Wenn diese Kraft größer ist, bewegen sich die Ladungsträger schneller, und der Strom wird größer. Das Symbol für Spannung ist U. Die Einheit ist Volt (V).

4.9 Die Spannung

Die Spannung einer Batterie, die unbelastet ist, wird an den Klemmen (Klemmenspannung) der Batterie gemessen. Diese ist die Spannungsdifferenz oder Potentialdifferenz. Diese Spannungsdifferenz setzt sich in einer Batterie aus zwei verschiedenen Teilspannungen zusammen und zwar erstens aus der Spannung zwischen der positiven Elektrode und der Säureflüssigkeit und zweitens aus der Spannung zwischen der negativen Elektrode und der Säureflüssigkeit (2,2 V–0,1 V = 2,1 V).

Wenn die Batterie geladen oder entladen wird, ist diese Spannung zwischen den Klemmen größer oder kleiner als die Urspannung im unverkabelten Zustand.

4.10 Die Reihenschaltung

Die Zellenspannung einer einzelnen Zelle reicht in der Praxis nicht aus. Es werden darum verschiedene Zellen in Reihe geschaltet, dies bedeutet, daß der negative Pol der einen Zelle mit dem positiven Pol einer anderen Zelle verbunden wird. Wenn 6 Zellen in Reihe geschaltet werden, erreicht man eine Gesamtspannung von 12 V.

4.11 Die elektrische Energie

Elektrische Energie bedeutet gespeicherte Arbeit. Bei diesem Vorgang sind drei Faktoren wichtig: Stromstärke, Spannung und Zeit. Die Faktoren verhalten sich proportional zur Energie. Diese kann zu einem späteren Zeitpunkt nach Bedarf wiedergewonnen werden. In einer Formel zusammengefaßt:
$W = U \times I \times t$, $[W] = AVs$. Das Symbol der Energie ist W, die Einheit ist Joule ($1 J = 1 Ws$).
In der Praxis wird meistens die Einheit Wattstunde (1 Wh = 3600 J) oder Kilowattstunde (1 kWh = 1000 Wh) verwendet. Wenn die Kapazität der Batterie (Ah = Ampere × Stunde) mit der Spannung (Volt) multipliziert wird, ergibt das die Energiemenge, die eine Batterie liefern kann, in Wattstunden:
$W = J \times t \times U$.

Zum Beispiel: eine Batterie von 100 Ah liefert 5 A während 20 Stunden bei 12 V. Das ist eine elektrische Energie W 5 A × 20 h × 12 V = 1200 Wh = 1,2 kWh. Manche Produzenten geben statt der Kapazität die Energie der Batterie an.

4.12 Die elektrische Leistung

Die elektrische Leistung ist die Energie, die pro Sekunde geliefert werden kann. Der Faktor Zeit ist hier in Sekunden angegeben. Das Symbol für Leistung ist P. Die Einheit ist Watt (1 W = 1 Joule pro Sekunde) oder Kilowatt (1 kW = 1000 Watt).
Die elektrische Leistung ist: $P = I \times U$
$[P] = AV = W$.

4.13 Der Elektrolyt

Die Batterieflüssigkeit wird als Elektrolyt bezeichnet. In einer Bleibatterie wird als Elektrolyt Schwefelsäure in Wasser verdünnt verwendet (in anderen chemischen Spannungsquellen werden auch manchmal Salzlösungen oder Laugen verwendet). Ein Teil der Stoffe dissoziiert, das bedeutet, die Moleküle teilen sich in Ionen (positive und negative Ladungsträger). Ein Elektrolyt ist wegen seiner Ionen in der Lage, einen elektrischen Strom zu leiten.

4.14 Die spezifische Masse

Die Konzentration der Schwefelsäure in der Batterieflüssigkeit ist wichtig für die Leitfähigkeit der Flüssigkeit. Zum einen ist die Leitfähigkeit optimal bei einer bestimmten Konzentration. Andererseits ist die Klemmenspannung abhängig von der Konzentration. Die Konzentration wird ausgedrückt in der spezifischen Masse (in kg pro m³) des Elektrolyts. Diese spezifische Masse in Batterien beträgt bei einer aufgeladenen Batterie: 1280 kg/m³.

4.15 Der Kälteprüfstrom

Die Startfähigkeit der Batterie bei Kälte wird gekennzeichnet durch den Kälteprüfstrom. Dies ist der Strom, den eine Batterie bei niedriger Temperatur liefern kann, ohne daß die Klemmenspannung der Batterie nach einer bestimmten Zeit zusammenbricht. Diese Werte werden nach verschiedenen Normen definiert. Die DIN-Norm geht davon aus, daß eine 12-V-Batterie bei einer Temperatur von −18 °C, 30 s nach Entladebeginn noch 9 V haben soll.

4.16 Der Innenwiderstand

Die Stromstärke in einem Stromkreis ist direkt proportional zur Klemmenspannung und umgekehrt proportional zum elektrischen Widerstand. Der elektrische Widerstand ist die Summe aller Komponentenwiderstände, die bestimmt werden durch die Länge, den Durchmesser und die Leitfähigkeit der elektrischen Leiter. Das Symbol für einen Widerstand ist R. Die Einheit ist das Ohm $[R] = \Omega$. In der Batterie ist der innere Leitwert des Elektrolyts bestimmend für den elektrischen Widerstand. Den Innenwiderstand bezeichnet man mit R_i, im Gegensatz zum äußeren Stromkreis. Hier wird der Widerstand mit R_a bezeichnet.

Das Ohmsche Gesetz zeigt den Zusammenhang zwischen dem elektrischen Strom, der elektrischen Spannung und dem Widerstand:

$$I = \frac{U}{(R_i + R_a)}$$

4.17 Zusammenfassung

Atomkerne und Elektronen haben eine elektrische Ladung, und zwar eine positive beziehungsweise eine negative Ladung. Atome oder Moleküle, die zu wenige oder zu viele Elektronen haben, nennen wir Ionen. Sie haben eine elektrische Ladung und sind wichtige Komponenten in der Batterie. Wenn Ladungsträger, Elektronen oder Ionen sich bewegen, spricht man von einem elektrischen Strom. Die Einheit der elektrischen Stromstärke ist das Ampere (A). Die Ursache für den elektr. Strom, der durch einen Leiter fließt, ist die Spannung (U) mit der Einheit Volt (V). Die elektrische Leistung (P) wird in Watt angegeben und ist gleich dem Produkt von Spannung und elektrischer Stromstärke. Die Batteriekapazität wird in Amperestunden (Ah) angegeben und ist das Produkt von Stromstärke (I) und Zeit (t). Elektrische Energie oder Arbeit wird angegeben in Wattstunden (Wh).

$$W = I \times U \times t$$

mit der Einheit
(1 Wh = 1 V × A × h).

Das Ohmsche Gesetz gibt den Zusammenhang an zwischen dem elektrischen Strom, dem elektrischen Widerstand und der Klemmenspannung:

$$U = I \times R.$$

Man unterscheidet den Innenwiderstand und den äußeren Widerstand einer Batterie.

5 Die Eigenschaften einer Batterie, wenn sie entladen wird

5.1 Die Kapazität

Eine Batterie transformiert während der Entladung chemische Energie in elektrische Energie. Obwohl diese meistens in Wattstunden bzw. Kilowattstunden (Wh bzw. kWh) angegeben wird, ist es bei Batterien üblich, daß die Leistung in Amperestunden angegeben wird.

Der Grund dafür ist, daß man, wenn man eine Zelle mit einer Nennzellenspannung von 2 V hat, die Leistung oder Kapazität einer bestimmten Zelle in Ah angeben kann, unabhängig von der Anzahl der Zellen, die man in Reihe geschaltet hat. Wenn man Zellen oder Elemente in Reihe schaltet, ist die Kapazität konstant. Die Energie ist aber direkt proportional zur Anzahl der Zellen und deshalb auch proportional zur Spannung. Also:

Energie gleich Spannung mal Kapazität oder $W = C \times U$ (1 Wh = 1 Ah $\times$ V).

Wenn die Batteriekapazität für eine Anlage errechnet wird, indem man die benötigte Stromstärke multipliziert mit der Anzahl der Betriebsstunden, ist dies falsch. Es stellt sich in der Praxis heraus, daß die Kapazität (die wichtigste elektrische Größe einer Batterie) von verschiedenen Faktoren abhängig ist.

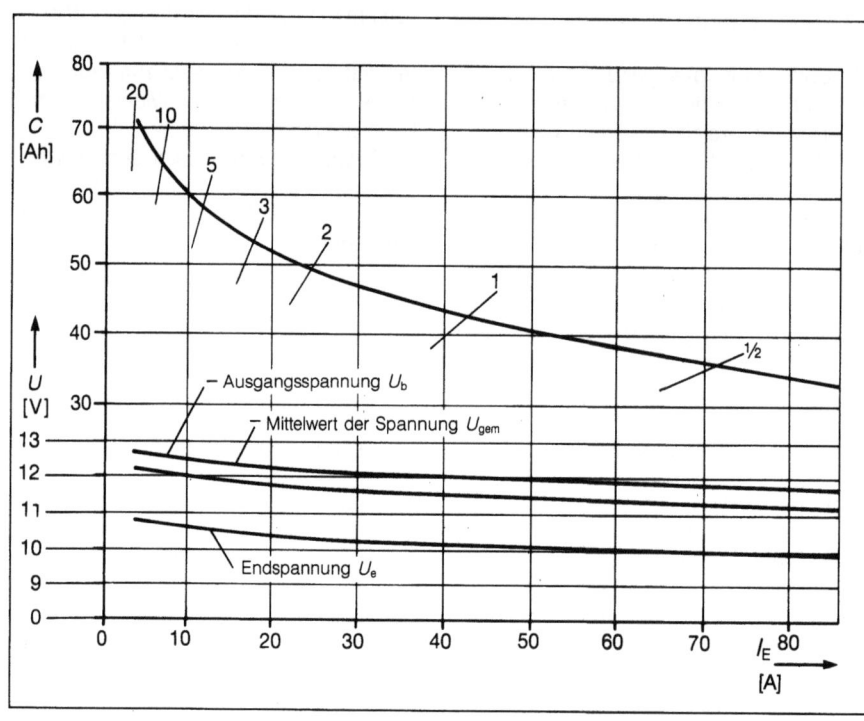

Bild 24: Die Kapazität einer 70 Ah Batterie, abhängig von der Entladezeit (in Stunden).

5.2 Faktoren, die die Batteriekapazität beeinflussen

5.2.1 Der Entladestrom

Nimmt man an, daß eine Batterie 20 Stunden mit 5 A belastet wird, so ist die Kapazität der Batterie dann : 5 A $\times$ 20 h = 100 Ah. Wird jetzt ein Entladestrom gewählt, der 20 A beträgt so stellt sich heraus, daß die Batterie nicht 5, sondern nur 3,5 h diese Leistung bringt. Die Kapazität ist also 3,5 A $\times$ 20 h = 70 Ah. Es stellt sich heraus, daß die Batterie nicht in der Lage ist, einen größeren Entladestrom zu leisten, da eine schnellere chemische Reaktion benötigt wird.

Wenn die Kapazität einer Batterie angegeben wird, gilt dieser Wert nur für einen bestimmten Entladestrom. In der Praxis wird nicht der Entladestrom, sondern die Entladezeit angegeben. Zum Beispiel 100 Ah bei einer Entladezeit von 20 Stunden, oder 100 Ah/20 h. International ist es üblich, den Entladestrom bei einer Entladezeit von 20 Stunden anzugeben. Antriebsbatterien werden mit einer Entladezeit von 5 Stunden und ortsfeste Batterien mit einer Entladezeit von 10 Stunden angegeben. In Bild 24 wird der Zusammenhang zwischen Kapazität und Entladezeit, d. h. der Entladestrom von Starterbatterien angezeigt. Die Werte sind auf eine Batterie mit einer Nennkapazität von 70 Ah/20 h bezogen.

5.2.2 Die Temperatur

Die Temperatur beeinflußt die elektrochemische Funktion der Batterie genauso wie bei den meisten chemischen Prozessen. Je höher die Temperatur, desto höher die Kapazität der Batterie. Eine Faustregel ist, daß die Kapazität der Batterie bei sinken-

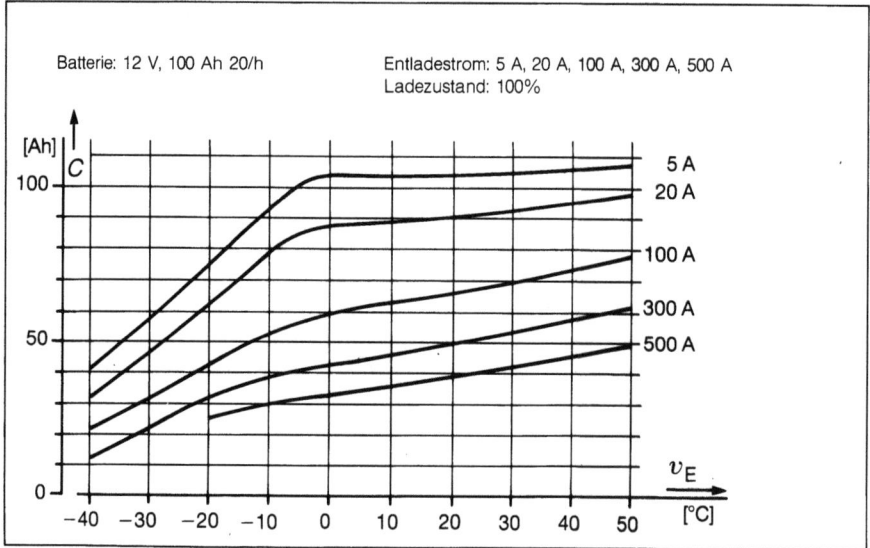

Bild 25: Die Kapazität einer Bleibatterie wird sehr von der Temperatur und dem Entladestrom beeinflußt.

der Temperatur pro Grad Celsius um ein Prozent abnimmt. Außerdem ist der Temperatureinfluß mit Sicherheit nicht linear (nicht direkt proportional). Der Temperatureinfluß bei $\tau > 0\,°C$ ist kleiner als bei $\tau < 0\,°C$. Diese unterschiedliche Beeinflussung der Kapazität wird kleiner, wenn der Strom größer wird.

5.2.3 Die Säurekonzentration

Weil die Leitfähigkeit der Batterie bei einer spezifischen Masse zwischen 1200 und 1280 kg/m³ am günstigsten ist, wählt man die Konzentrationen der meisten Batterien in diesem Bereich. Für Starterbatterien ist dieser Wert 1280 kg/m³ (in tropischen Ländern 1240 kg/m³). Für Antriebsbatterien ist er oft 1260 kg/m³, für ortsfeste Batterien ist er jedoch 1200 bis 1240 kg/m³. Eine Reduzierung der spezifischen Masse beeinflußt die Kapazität der Batterie negativ (3% pro 10 kg/m³).

5.2.4 Die minimale Betriebsspannung

Während der Entladung einer Batterie sinkt die Spannung. Sie erreicht nach einer bestimmten Zeit eine Grenze, die den störungsfreien Betrieb der an die Batterie angeschlossenen Anlage gefährdet. Man nennt diese Spannung die minimale Betriebsspannung. Würde die Batterie weiter entladen werden, dann würden die angeschlossenen Geräte nicht mehr einwandfrei funktionieren.
Selbstverständlich ist diese Spannung von den angeschlossenen Geräten abhängig. Manchmal ist eine Abweichung von ungefähr 5% von der Nennspannung erlaubt. Dies bedeutet für eine Bleibatterie eine Abweichung pro Zelle von 2,1 bis 1,9 V oder bei einer 12 V Batterie eine Spannung von 12,6 bis 11,4 V.
Oft wird ein größerer Toleranzbereich erlaubt. Zum Beispiel wird für eine Starterbatterie eine minimale Betriebsspannung von 1,75 V pro Zelle erlaubt. Dies bedeutet, daß eine 12-V-Batterie jetzt nur noch 10,5 V haben muß. Es sollte also neben der Kapazitätsangabe auch die minimale Betriebsspannung angegeben sein.

5.2.5 Die Betriebsdauer

Der letzte Faktor, der die Batteriekapazität beeinflußt, ist die Betriebsdauer. Der Verschleiß beeinflußt selbstverständlich die Batteriekapazität. Das Plattenmaterial wird nach und nach weniger aktiv und wird außerdem durch die Korrosion (angegriffen durch Schwefelsäure) weniger leitfähig. Die Maße der Batterie sollen darum bei der Herstellung 25% überdimensioniert werden.

5.3 Die Spannungskennlinie

Die Spannung nimmt ab, wenn sich die Batterie entlädt. Dieser Spannungabfall hat zwei Ursachen. Die erste Ursache ist, daß die spezifische Masse der Batterie zusammen mit der Klemmenspannung (EMK) abnimmt und zwar nach der Formel: $EMK = 0{,}84 + SM$ (SM in kg/l). Wenn zum Beispiel die spezifische Masse durch die chemische Reaktion bis 1,15 gesunken ist, dann wird die Klemmenspannung:

$0{,}84 + 1{,}15 = 1{,}99\,V$.

Maßgebend ist die Konzentration der Säure in den Poren der Platte und nicht in der Mitte der Flüssigkeit (die zum Beispiel mit einem Säureprüfer durch die Nachfüllöffnung gemessen werden kann). In den Poren ist die Konzentration am niedrigsten. Wird die Entladung zeitweise gestoppt, dann wird die Säurekonzentration in den Poren von der Säure der umliegenden Flüssigkeit ausgeglichen, so daß sich die Klemmenspannung (Freilaufspannung) erholt und wieder steigt. Zweitens hat die Batterie einen Innenwiderstand, der steigt, wenn die Batterie entladen wird. Die sinkende Konzentration der Säure ist auch hier die wichtigste Ursache.

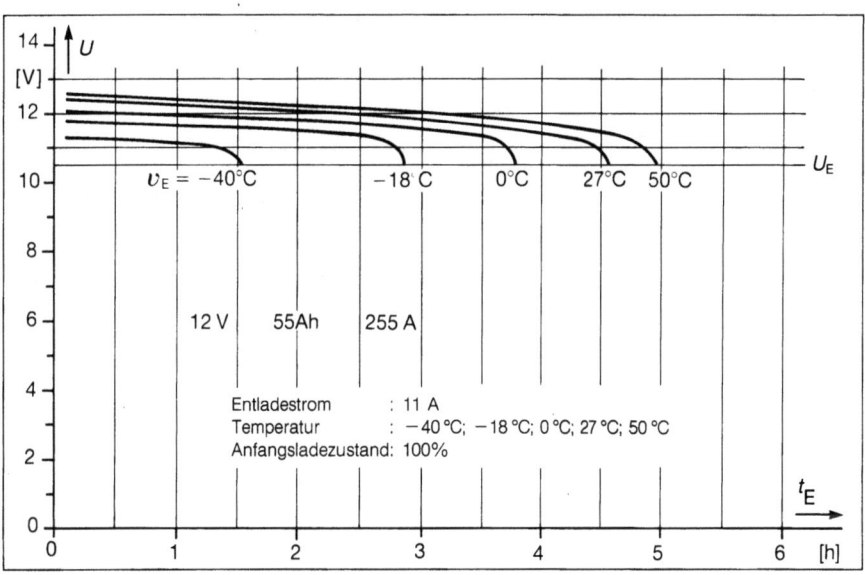

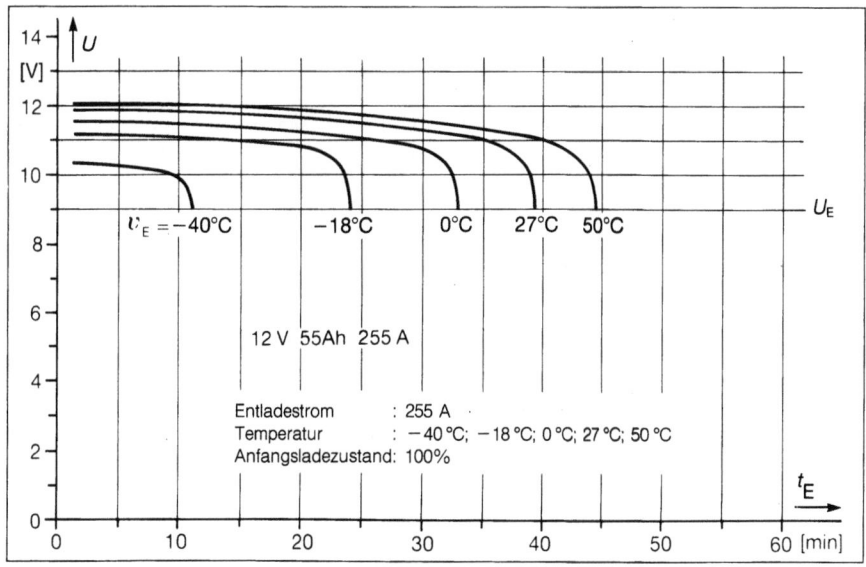

Bild 26a und b: Die Spannungskennlinie, wenn die Batterie entladen wird, mit variablen Parametern:

Den Innenwiderstand bestimmen zwei Faktoren:
1. Der elektrische Widerstand der aktiven Masse, der Gitter, der Polbrücken und

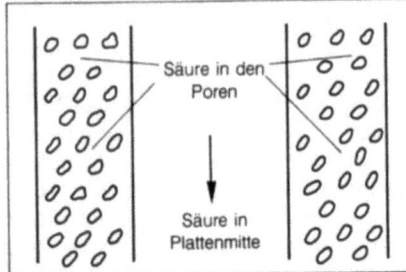

Bild 27: Die Klemmenspannung einer Batterie ist abhängig von der Säurekonzentration in den Poren der Platte.
Die Konzentration in der Mitte der Batterie ist mit der Konzentration in den Poren nicht identisch.

der Direkt-Zellenverbinder und der elektrolytische Widerstand.
Letzterer ist von der Leitfähigkeit der Säure, dem Plattenabstand und der Permeabilität der Separatoren abhängig.
2. Der Übergangswiderstand zwischen dem Elektrolyt und dem Plattenmaterial (Polarisationsspannung).

Wird der Innenwiderstand einer Batterie als R_i definiert, dann gilt für den Spannungsverlust nachfolgendes Ohmsches Gesetz:
$U_v = I \times R_i$ (elektrische Stromstärke × Innenwiderstand).
Die resultierende Klemmenspannung ist jetzt:
$U_k = U_b - I \times R_i$.
Aus der Formel ergibt sich, daß der Spannungsverlust in der Batterie vom Entladestrom abhängig ist. In den Kurvendarstellungen sehen wir den Verlauf der Klemmenspannung als Parameter verschiedener Entladeströme.
Wichtig: außer dem Innenwiderstand der Batterie beeinflußt auch der Widerstand im äußeren Stromkreis die Klemmenspannung. Die Widerstände von Kabel, Schalter, Sicherungen, Verbindungsklemmen usw. sind die wichtigsten Verursacher dieses Widerstandes. Die Klemmenspannung sinkt, weil die obengenannten Widerstände im äußeren Stromkreis Spannungsverluste verursachen. Die Spannung für den „Verbraucher" ergibt sich, wenn man alle Spannungsverluste von der Freilaufspannung subtrahiert.
Ein Starter benötigt zum Beispiel 200 A bei 12 V und hat einen Innenwiderstand von

$R_i = 0{,}013\ \Omega$, während der äußere Widerstand $R_a = 0{,}003\ \Omega$ beträgt. Die Spannung der Batterie wird jetzt:
$U_b - I \times R_i =$
12,7 V − (200 × 0,013) V = 10,1 V.
Die Spannung am Starter beträgt: 10,1 V− (200 × 0,003) V = 9,5 V.
Eine Lampe von 25 Watt hat einen Entladestrom von 2 A
$1\ A = \dfrac{1\ W}{1\ V}$.

Der Spannungsverlust ist jetzt ein Bruchteil des Spannungsverlustes am Starter, auch wenn der äußere Widerstand viel größer ist. Zum Beispiel: $R_a = 0{,}1\ \Omega$
Der Spannungsverlust beträgt jetzt
$I \times (R_i + R_a) = 2\ A \times (0{,}1 + 0{,}013)\Omega = 0{,}226\ V$.
Die Endspannung ist also
12,7 V − 0,226 V = 12,47 V.

5.4 Selbstentladung

Die Feststellung, daß in einer Batterie, die nicht verkabelt ist, keine chemische Reaktionen auftreten, ist falsch. Zwar ist der äußere Stromkreislauf unterbrochen, aber es gibt in der Batterie innere Stromkreise, die zur Selbstentladung der Batterie führen. Die fremden Elemente, die die Ursache für dieses Problem sind, sind metallische Verunreinigungen.
Antimon, das in der Bleilegierung von Gitterplatten gebraucht wird, ist zum Beispiel einer der Verursacher. Der Einsatz des Metalls ist jedoch wichtig. Einerseits verbessert es die mechanischen Eigenschaften des Materials, andererseits ist es in der positiven Platte ein Katalysator, der die Selbstentladung verursacht. Sie beschränkt sich jedoch auf ein Minimum, da die Menge des Katalysators sehr klein ist. Die Größe der Selbstentladung ist einige Zehntel Prozent der Gesamtkapazität pro Tag, so daß eine moderne Batterie erst nach einem halben bis einem Jahr entladen ist.
Außerdem ist diese Selbstentladung stark temperaturabhängig; pro 10 Grad Temperaturgefälle wird der Selbstentladungsfaktor halbiert. Es ist darum wichtig, wenn die Batterien gelagert werden:
− sie 100% zu laden
− und sie trocken und kühl zu lagern.
Eine Batterie entlädt sich außerdem, wenn das Bleidioxid in der positiven Platte mit dem Blei in der positiven Gitterplatte reagiert. Diese Selbstentladung ist abhängig von der Temperatur und von der Säurekonzentration. Wenn die Batterie geladen

ist (SM 1,20), ist letzteres nicht von Bedeutung. Das Bleidioxid, das durch Korrosion ensteht, bildet sich, wenn die Batterie aufgeladen wird. Es wird aus dem Bleisulfat gebildet, das sich während der Entladung in den Gitterplatten gebildet hat.

5.5 Zyklische Belastungen der Batterie

In der Praxis werden Batterien für verschiedene Zwecke eingesetzt. Eine stationäre Batterie wird in einer Telefonzelle unter normalen Bedingungen nie zum Einsatz kommen. Nur wenn die zentrale Stromversorgung ausfällt, soll die Batterie die Telefonzentrale für mehrere Stunden mit Strom (für Wähler, Mikrofonstromversorgung, für den Wählton, Verstärker usw.) versorgen. Die Batterien für Notstromeinrichtungen sind immer „stand by" und werden mit der normalen Stromversorgung (stabilisierte Gleichrichter) parallel geschaltet, so daß eine uneingeschränkte Stromversorgung der Anlage gewährleistet ist.
Die Gleichrichter laden die Batterie laufend mit einem kleinen Strom, der dafür sorgt, daß sie gerade geladen ist (Kap. 6: Das Laden einer Batterie). Die Ursache, daß Batterien verschleißen, liegt größtenteils an ihrem Alter und der Dauerladung der Batterie.

Bild 28: Ortsfeste Batterien werden meistens in Notstromeinrichtungen eingesetzt.
Sie werden dauernd mit einem kleinen Strom geladen (langsam Laden) und haben dadurch immer einen 100prozentigen Ladezustand.

Batterien von Gabelstaplern werden am Tage entladen und in der Nacht wieder aufgeladen. Dieser Prozeß wird auch Zyklus genannt. Antriebsbatterien werden also zyklisch belastet. Diese Batterien werden darum mit einem großen Sicherheitsbereich entwickelt.

Starterbatterien haben ein anderes Einsatzgebiet und müssen ihre Spitzenleistung für kurze Zeit, aber voll bringen. Ein Autostart dauert nur einige Sekunden. Wenn der Motor erst einmal läuft, sorgt die Lichtmaschine für die weitere Stromversorgung des Autos und der Batterie. Obwohl beim Start ein verhältnismäßig großer Strom fließt (bei größeren Pkw's bis zu 100 A), wird die Kapazität der Batterie nur geringfügig kleiner. Wir nehmen zum Beispiel eine Starterbatterie von 60 Ah und einen Entladestrom von 200 A über ein Zeitintervall von 5 Sekunden. Bei einem Start fließt eine Ladungsmenge 200 A × 5 s = 1000 As. Dividieren wir diese Zahl durch 3600, ergibt das einen Wert von 0,28 Ah. Dies ist also nur ein halbes Prozent der Batteriekapazität. Die Batterie liefert natürlich auch einen Strom an andere Verbraucher. Dieser ist jedoch verhältnismäßig klein. Eine Starterbatterie ist meistens 85% bis 100% geladen. Diese Batterien haben eine genau so geringe Lebensdauer wie stationäre Batterien, wenn sie überladen werden. Eine Starterbatterie kann auch für andere Zwecke verwendet werden, wie zum Beispiel als Antriebsquelle für E-Motoren (zum Beispiel Laderampen). Wenn sie jedoch zyklisch belastet wird, sinkt die Lebensdauer der Batterie.

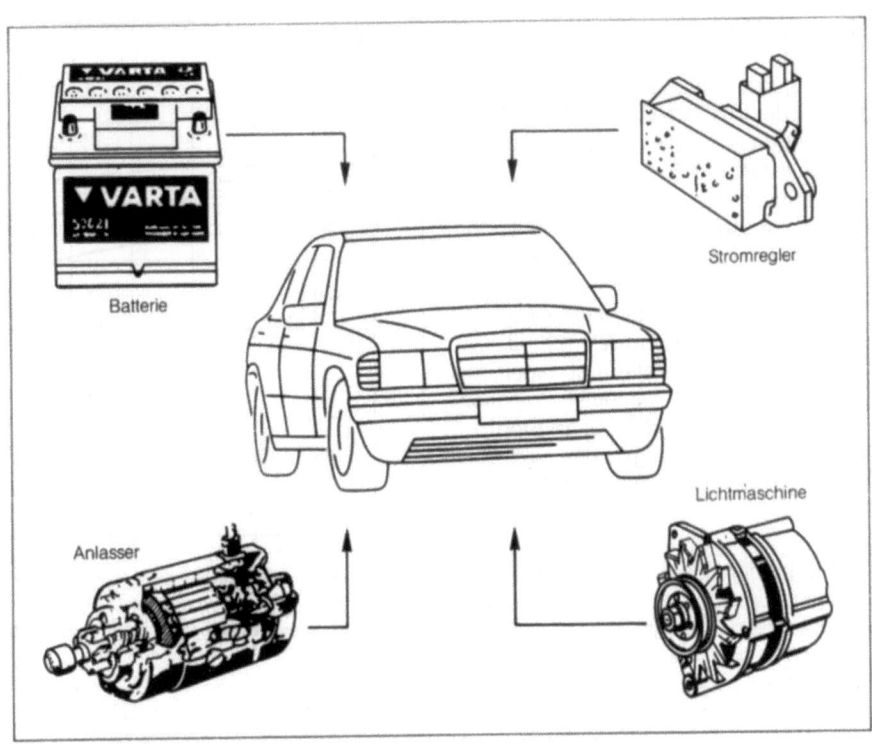

Bild 29: Die Starterbatterie ist ein Teil der elektrischen Anlage im Kraftfahrzeug.

Bild 30: Antriebsbatterien, die in elektrischen Gabelstaplern eingesetzt werden, werden täglich tiefentladen und in der Nacht wieder geladen.
Diese zyklische Belastung der Batterien beeinflußt ihre Lebensdauer negativ. Bei der Konstruktion der Batterie wurde dieser Aspekt besonders beachtet.

5.6 Der Kaltstart

Die ungünstigste Belastung für eine Batterie ist der Kaltstart. Beim Kaltstart treten drei Faktoren auf, die die Batterie zusätzlich belasten:
- Die mechanischen Widerstandskräfte sind größer, weil das Öl im Motor wegen der niedrigen Temperatur zäh ist. Der Starter braucht darum mehr Energie. Dies bedeutet, daß die Batterie einen höheren Strom liefern muß.
- Die Leistung der Batterie ist wegen der Kälte erheblich verringert (niedrige Kapazität und niedrige Spannung).
- Die Batterie ist wegen der niedrigen Temperatur nicht 100prozentig geladen.

Im Diagramm (Bild 31) ist der Einfluß der Temperatur auf die Starteigenschaften der Batterie dargestellt. Es ist deutlich zu erkennen, daß die Batterie in gutem Zustand sein muß, wenn sie bei einem Kaltstart die volle Leistung bringen soll. In den Wintermonaten haben alte und schwache Batterien zu wenig Leistung und müssen darum ersetzt werden.

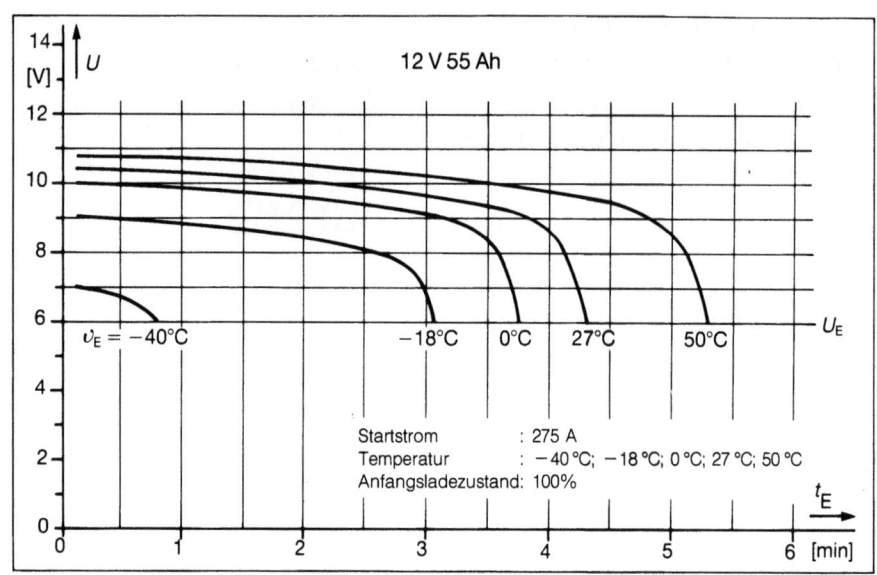

Bild 31: Die Spannungskennlinie einer Starterbatterie mit der Temperatur als Parameter.

6 Das Laden von Batterien

Wie lange eine Batterie funktioniert und wie hoch ihre Lebensdauer ist, hängt davon ab, wie die Batterie geladen wird. In diesem Kapitel werden verschiedene Aspekte, die bei der Ladung einer Batterie wichtig sind, besprochen. Folgendes ist zu beachten:

- *Eine Batterie darf nur mit Gleichstrom geladen werden.*
  Der Pluspol (+) der Batterie wird mit der positiven Anschlußklemme und der Minuspol der Batterie mit der negativen Anschlußklemme des Batterieladegeräts verbunden.
- *Die Zellenspannung steigt während der Ladung.*
  Die Zunahme der Spannung ist vom Ladestrom und von der Temperatur abhängig. Die Zellenspannung wird bei normaler Ladung von 2 V/Zelle auf 2,65 V/Zelle steigen.
  Wenn die Spannung ungefähr 2,35 bis 2,4 V/Zelle (14,2 V bei einer 12 V Batterie) beträgt, tritt in Abhängigkeit vom Strom in der Batterie eine Gasentwicklung auf. Wasser teilt sich in Wasserstoff und Sauerstoff. Diese Gase sind in einer höheren Konzentration explosiv und werden vornehmlich bei älteren Batterien beobachtet.
- *Da die Spannung steigt, wird der Ladestrom der Batterie allmählich sinken.*
- *Es ist zu beachten, daß das gewählte Ladegerät eine ausreichende Ladekapazität hat.*
  Die Leistung des Ladegeräts soll deshalb auf die Kapazität und die Ladezeit der Batterie abgestimmt werden. Eine halb oder ganz leere Batterie sollte in dieser Zeit wieder 100prozentig geladen sein. Oft wird ein Ladegerät zu klein gewählt, wodurch die Ladung der Batterie in der angegebenen Ladezeit nicht erreicht wird. Wenn die Batterie regelmäßig nur teilweise geladen wird, entsteht beim Betrieb der Batterie an den Platten Sulfat, wodurch ein Kapazitätsverlust der Batterie entsteht.
- *Die Überladung der Batterie verringert die Lebensdauer der Bleibatterie.* Wir unterscheiden zwei Arten der Überladung:

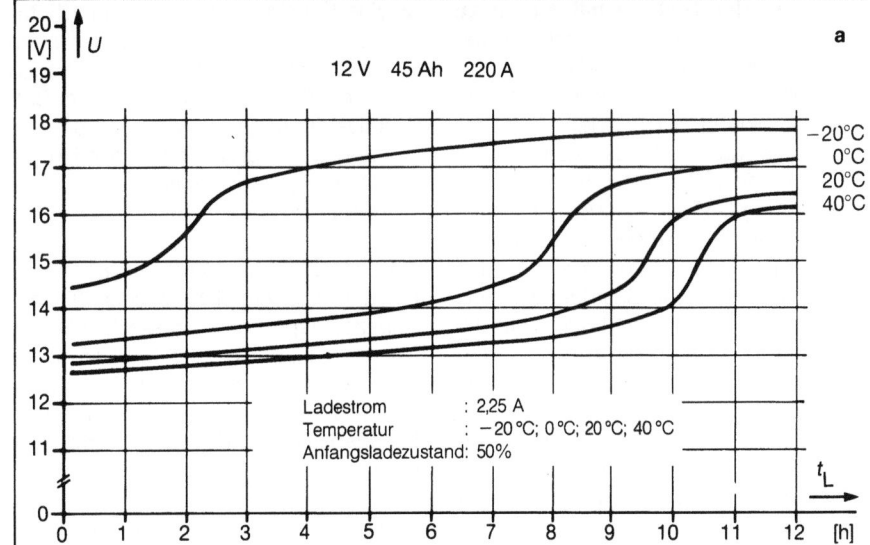

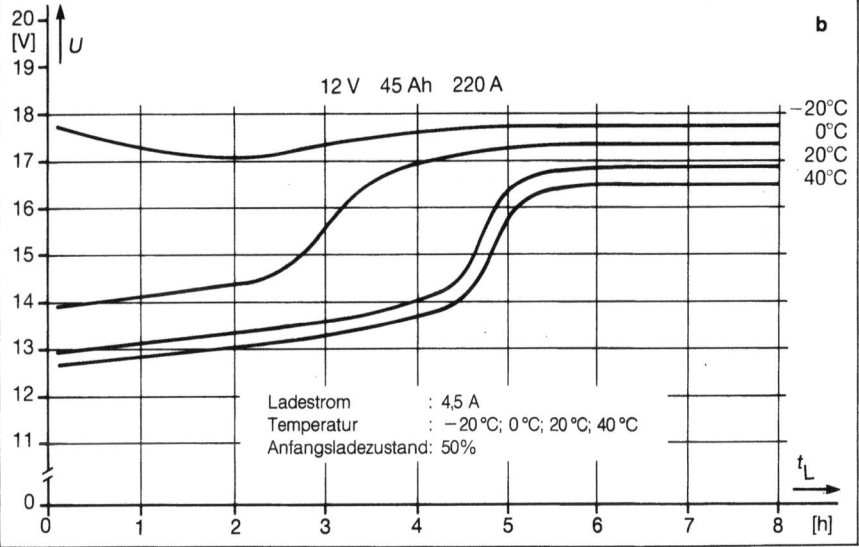

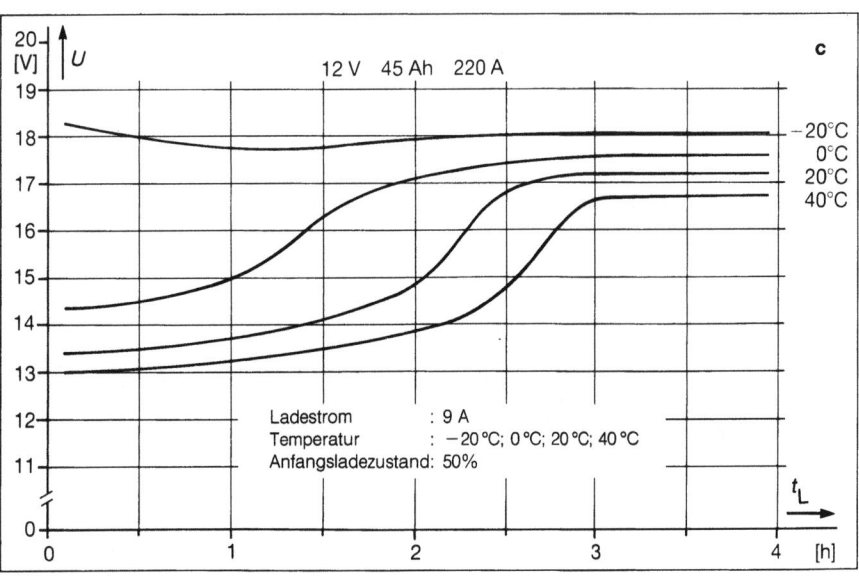

Bild 32 a,b und c: Die Spannungskennlinie, wenn eine 12 V/45 Ah Batterie mit einem Ladestrom von 2,25 /4,5 beziehungsweise 9 A geladen wird. Sie ist für verschiedene Temperaturen dargestellt. Anfangsladezustand ist 50%.

1. Laden der Batterie mit einem zu großen Strom, wenn sich in der Batterie schon Gas bildet

In Abhängigkeit vom Ladestrom entsteht die Gasbildung bei ungefähr 70% bis 90% des Ladezustands (2,35 bis 2,4 V/Zelle). Die Folge einer regelmäßigen Überladung (insbesondere kombiniert mit einer häufig auftretenden Tiefentladung) ist ein Ausfall der aktiven Masse an den Batterieplatten. Wenn Gasbildung auftritt, sollte der Ladestrom auf 5 bis 10 A pro 100 Ah gesenkt werden. Wenn eine Zellenspannung von ungefähr 2,7 V/Zelle erreicht wird (16,3 V in einer 12-V-Batterie), sollte der Ladestrom 2,5 bis 5 A pro 100 Ah betragen. Die Folgen einer Überladung sind ein hoher Wasserverbrauch und schneller Verschleiß.

2. Unnötiges Überladen der Batterie

Beim Überladen der Batterie, wenn die Batterie schon 100% geladen ist (dies ist auch der Fall, wenn mit einem kleinen Strom geladen wird), korrodieren die positiven Gitterplatten. Auch diese Art von Verschleiß führt frühzeitig zum Ausfall der Batterie. Dieses Problem tritt meistens bei einem falsch eingestellten oder defekten Spannungsregler auf.

- Die normale Ladezeit einer Batterie liegt ungefähr zwischen 8 bis 15 Stunden. Wenn ausreichend Ladezeit verfügbar ist, reicht ein billiges Ladegerät. Ein kleiner Ladestrom ist immer sicherer als ein großer. Es ist jedoch wichtig, daß die Batterie nicht teilweise geladen wird.
- Wenn die Temperatur der Batterie höher als 55 °C wird, sollte das Laden der Batterie beendet werden, weil eine hohe Temperatur in der Batterie zu Schäden führt.
- Die Verschlußkappen der Batterie können während der Ladung geöffnet bleiben.
- Eine Batterie hat einen 100prozentigen Ladezustand, wenn die Spannung innerhalb zwei Stunden nicht mehr steigt und wenn der Nennwert der spezifischen Masse (zum Beispiel 1280 kg/m^3) erreicht ist und nicht weiter steigt.
- Es ist wichtig, nach jeder Entladung die Batterie schleunigst wieder zu laden, wenn der Wert der Entladung 50% der Batteriekapazität erreicht hat.
- Batterien, die längere Zeit entladen sind, bilden Sulfat an der positiven Platte. Die Folge ist ein Kapazitätsverlust der Batterie.

- Eine Faustregel ist, daß man 1,1- bis 1,2- mal so viele Amperestunden laden soll, als die Kapazität (Ah), die entladen wurde. Dieser Ladefaktor ist vom Batterieaufbau und vom Ladestrom abhängig. Dies gilt auch für Batterien, die teilweise entladen wurden.
Zum Beispiel:

– Eine Batterie von 100 Ah wird 8 h mit 5 A entladen. Dies ergibt 40 Ah oder 40% der Kapazität (spezifische Masse 1,23 kg/l). Nach der Faustregel soll der Ladestrom dann Ah × Ladefaktor = 40 Ah × 1,2 = 48 Ah (ungefähr 50% der Kapazität) betragen. Dies bedeutet 10 h mit 5 A laden.

- Wenn die Batterie öfter zwischendurch geladen wird, verhindert man, daß der Entladezustand die kritische Grenze erreicht. Die Lebensdauer der Batterie wird dadurch verlängert. Es sollte beim Laden beachtet werden, daß eine eventuelle Überladung nicht stattfindet, vor allem, wenn zwischendurch länger geladen wird.

• Weitere allgemeine Richtlinien:

– Bevor eine Batterie am Ladegerät an- oder abgekoppelt wird, muß das Gerät erst ausgeschaltet werden, damit keine Funkenbildung auftritt.

– Wenn die Batterie abgekoppelt wird, trennen Sie sie erst von der Masse. Bei der Ankoppelung soll man in umgekehrter Reihenfolge vorgehen und dafür sorgen, daß man keinen Kurzschluß mit seinem Werkzeug verursacht.

– Achten Sie immer besonders auf die Polung des Ladegeräts, immer „Plus an Plus" und „Minus an Minus". Wenn die Batterien in Reihe geschaltet werden, wird der Pluspol der einen Batterie A am Minuspol der anderen Batterie B verbunden usw.

– Bevor das Ladegerät eingeschaltet wird, wird immer erst die Batterie angeschlossen. Danach sollte erst eingeschaltet werden. Beim Ausschalten ist wegen der Sicherheit die umgekehrte Reihenfolge einzuhalten.

Bild 33: Ein ELEKTRON-Ladegerät, das 1 bis 8 12 V-Batterien mit einem einstellbaren Ladestrom von 1 bis 10 A laden kann.

• Sicherheit

– Die Batteriesäure ist eine ätzende Substanz:
Vermeiden Sie Berührungen mit Haut, Augen, Wunden und Kleidung. Im Zweifelsfall immer mit Wasser spülen.

6.1 Lademethoden

6.1.1 Die Normalladung

Bei Normalladung wird die ganz oder nur teilweise entladene Batterie wieder bis 100% aufgeladen. Meistens wird ein Ladestrom gewählt, der 1/20 bis 1/10 der Batterienennkapazität beträgt. Es ist wichtig, daß der Ladestrom gesenkt wird, wenn die Spannung erreicht ist, bei der die Gasentwicklung beginnt (Gasungsspannung). Der Strom wird abgeschaltet, wenn die Batterie geladen ist.

6.1.2 Schnelladen

Diese Ladungsmethode lädt die Batterie mit einem Ladestrom, der ungefähr 3- bis 5-mal dem normalen Ladestromwert entspricht, so daß die Batterie schnell einen akzeptablen Ladezustand erreicht. Wenn die Gasungsspannung (2,35 bis 2,4 V) erreicht wird, sollte der Ladestrom reduziert werden, um eine Überladung zu vermeiden. Man sollte eine Schnelladung der Batterie nur im Einzelfall durchführen.

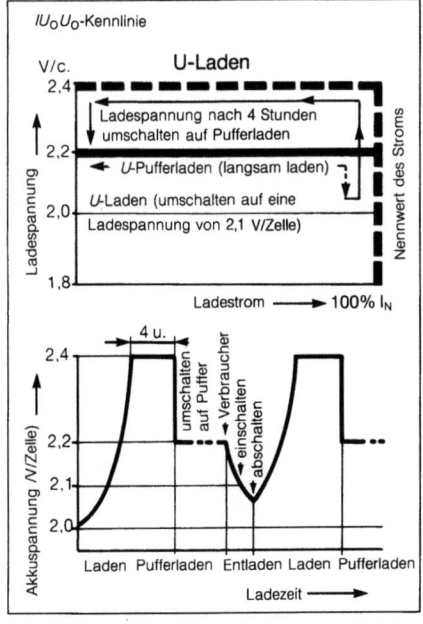

Bild 34: Ladekennlinie eines ELEKTRON-TSE Pufferladegeräts

6.1.3 Der Pufferbetrieb

Batterie, Ladegerät und Stromverbraucher sind miteinander gekoppelt. Das Ladegerät liefert einen Strom, der gerade ausreicht, den Ladezustand der Batterie auf 100% zu halten. Die Batterie liefert Stromspitzen an den „Verbraucher". Sie wird im Pufferbetrieb mit einer konstanten (stabilen) Spannung geladen.

6.1.4 Laden mit einem kleinen Strom

Wenn die Batterie geladen, aber nicht im Einsatz ist, tritt nach einer kurzen Zeit eine Selbstentladung der Batterie auf. Diese beträgt 0,1 bis 1% pro Tag. Das Laden mit einem kleinen Strom kompensiert diese Entladung. Der Ladestrom beträgt in diesem Fall 0,1 A pro 100 Ah.

6.2 Die Wahl des Batterieladegerätes

Welches Ladegerät und welche Ladungsmethode verwendet werden, sollte gut überlegt sein. Die Betriebssicherheit und die Lebensdauer der Batterie sind vom Batterietyp abhängig. Die Wahl des Ladegeräts ist für die Betriebssicherheit und Lebensdauer der Batterie wichtig. Außer der Leistung (Spannung und Strom) gibt es noch verschiedene Arten von Ladegeräten. Es gibt sie mit verschiedenen Ladekennlinien und anderen spezifischen Eigenschaften. Das Ladegerät sollte immer die Eigenschaft haben, die Batterie innerhalb kürzester Zeit zu laden. Außerdem sollte der Ladestrom reduziert werden, wenn die Batterie geladen ist, so daß einige Tage oder Wochen ohne Gefahr die Batterie am Ladegerät angeschlossen bleiben kann. In diesem Fall kommen darum meistens geregelte Ladegeräte zum Einsatz, deren Preis von der Leistung abhängig ist. Die gewählte Ladekapazität wird darum ein Optimum zwischen Preis und Ladezeiten sein.

6.3 Ladekennlinien

Die Beziehung zwischen Ladestrom des Ladegeräts, Ladestrom und Ladezeit ist die Kennlinie des Geräts. Diese ist meistens als eine Kurve dargestellt, in der die Ladespannung U (Volt) einer Zelle als Funktion des Stroms (A) dargestellt wird.

Wichtig ist folgendes:
Die Ladespannung sollte nie die Grenzwerte von 2,4 beziehungsweise 2,65 V/Zelle (14,4 beziehungsweise 15,9 V in einer 12-V-Batterie) übersteigen. Wenn die 2,4-V/Zelle erreicht werden, ist der Ladezustand 80% (abhängig vom Ladestrom). Wenn wir einen Ladefaktor von 1,2 haben (20% wird mehr geladen als entladen), kann man sagen, daß bei 2,4 V/Zelle 100% der Entladung jetzt wieder geladen ist.

Es gibt nach der DIN-Norm unterschiedliche Ladekennlinien:

6.3.1 W-Kennlinie
Sinkender Ladestrom bei einer steigenden Spannung. Vorausgesetzt, daß der Ladenennstrom den richtigen Wert hat, ist eine schnelle Ladezeit möglich. Bei einem billigen Gerät tritt Gasbildung während des Nachladens und deswegen ein hoher Wasserverbrauch auf. Schwankungen in der Netzspannung beeinflussen den Ladestrom stark. Eine Drosselspule oder ein Wechselrichtertransformator kann hier Abhilfe schaffen. Das Laden sollte unter Aufsicht geschehen, so daß eine Überladung der Batterie ausgeschlossen ist.

6.3.2 Wa-Kennlinie
Die Wa-Kennlinie ist der W-Kennlinie ähnlich, mit dem Unterschied, daß das Gerät zusätzlich mit einer Kontrollvorrichtung ausgerüstet ist, welche ein Überladen verhindert. Das Laden der Batterie wird dadurch zeitlich begrenzt. Wenn die Spannung von 2,4 V/Zelle erreicht ist, schaltet ein Relais eine elektrische Uhr ein, die nach einiger Zeit oder wenn eine bestimmte Amperestundenzahl erreicht ist, das Laden der Batterie stoppt.

Die sicherste Ladung, die in relativ kurzer Zeit einen 100prozentigen Ladezustand der Batterie erreicht, ist möglich, wenn ein elektronisches Kontrollsystem (zum Beispiel VARTA Poehlertronic, Poehlerdigital oder „Ahc") eingesetzt wird. Diese elektronische Steuerung schaltet den Ladevorgang der Batterie auch ab, wenn ein Fehler in einer Batterie auftritt, wenn es sich um eine alte Batterie handelt oder wenn Schwankungen in der Netzspannung auftreten.

6.3.3 WoWa-Kennlinie
Sie ist mit der Wa-Kennlinie zu vergleichen und unterscheidet sich derart, daß dieser Ladeprozeß im Anfang einen größeren Ladestrom hat. Dadurch ist eine kürzere Ladung möglich. Eine Überladung der Batterie wird auch hier verhindert, indem der Strom beim Erreichen der Gasungsspannung verringert wird. Ein ähnliches Ladegerät ist ein WoW-Lader. Dieses Gerät lädt die Batterie in der ersten Stufe mit der Normalladung, in der zweiten Stufe geschieht die Ladung der Batterie langsam. Das Laden der Batterie wird in diesem Fall also nicht vollständig abgeschaltet. Diese Ladekennlinie wird in Schiffsanlagen und in stationären Anlagen verwendet. Es wird automatisch, allerdings abhängig von der Spannung, umgeschaltet.

6.3.4 WU-Kennlinie
Sie ist mit der W-Kennlinie zu vergleichen, mit dem Unterschied, daß die Ladespannung automatisch auf einen bestimmten Wert konstant gehalten wird, wenn die Gasungsspannung erreicht wird. Auch in diesem Fall wird der Ladestrom nicht ganz abgeschaltet. Die Eigenschaften dieser Art von Ladung sind: schnelle teilweise Ladung der Batterie, eine relativ lange Ladezeit bei 100% Ladung, aber dafür eine geringe Wahrscheinlichkeit, daß die Batterie überladen wird.

6.3.5 IU-Kennlinie
Die Batterie wird mit einem konstanten Ladestrom geladen, wonach er bei Erreichen der Gasungsspannung auf einen bestimmten Wert zurückgeschaltet wird. Eigenschaften: sehr schnelle teilweise Ladung der Batterie. Eine 100prozentige Ladung der Batterie dauert länger. Wenn normale Ladezeiten verwendet werden, ist kaum eine Überladung der Batterie möglich. Es ist möglich, die Batterien parallel zu schalten, je nachdem wie die Batterien eingesetzt werden. Diese Ladekennlinie wird in Kraftfahrzeugen eingesetzt. Die Lichtmaschine ist mit einem Spannungsregler ausgestattet, der eine Schaltspannung von 14 V hat. Eine typische Eigenschaft der IU-Ladung ist, daß der Ladestrom sehr stark abnimmt, wenn die Regelspannung erreicht ist. Wenn die Batterie ganz geladen ist, wird der Ladestrom so gering sein, daß überhaupt keine Überladung mehr möglich ist. Es ist also nicht notwendig, den Ladestrom abzuschalten. Wenn die IU-Ladung jedoch längere Zeit eingesetzt wird, tritt nachträglich trotzdem eine Überladung auf.

6.3.6 IUI-Kennlinie
Sie ist der IU-Kennlinie ähnlich, der Ladestrom verringert sich jedoch langsam, bis er 50% des Anfangswert erreicht hat. Der Strom bleibt jetzt konstant, bis die notwendige Kapazität (Ah) erreicht ist. Danach wird er automatisch abgeschaltet. Der Vorteil dieser Methode liegt in einer relativ kurzen Ladezeit. In der ersten Stufe

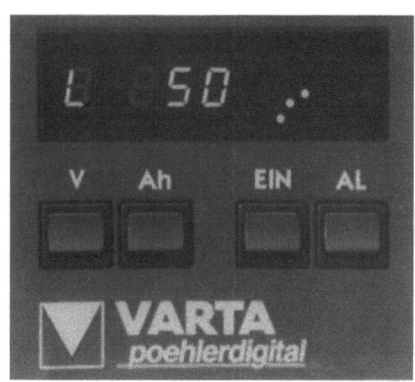

Bild 35: Poehler Digital-Ladegerät. Der Ladeablauf wird auf dem Display angezeigt.

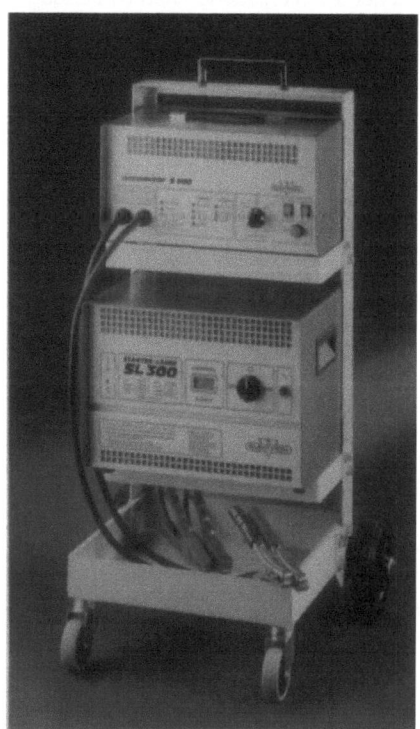

Bild 36: Ein modernes „Start-Ladegeräte" für 12 und 24 V mit einem zusätzlichen Starthilfestrom von 300 A, ausgestattet mit einen elektronischen Batterietestgerät auf einem fahrbaren Untersatz.

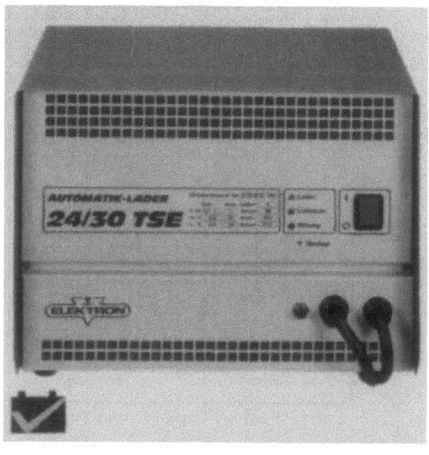

Bild 37: Mikroprozessor-gesteuertes Universalladegerät mit den Wahlmöglichkeiten: Laden, Pufferladen und langsam Laden (mit der IU_0IU_0-Kennlinie).

(Laden mit konstantem Strom) wird der größte Teil der Amperestunden, die gebraucht werden, geladen. Die Stufe liefert einen optimalen Ladestrom, so daß eine Gasbildung fast nicht stattfindet. Die letzte Stufe lädt die Batterie mit einem Strom, der gerade erlaubt ist. Diese Methode (Ampere-hour-counting) braucht ein durch einen Mikroprozessor gesteuertes Ladegerät.

Es gibt selbstverständlich noch andere Kombinationen mit Ladekennlinien, allgemein kann man jedoch sagen, daß ein automatischer Regler oder eine besondere Schaltung den Preis des Geräts steigen läßt.

6.3.7 Bedeutung der Symbole

- W = Widerstandskennlinie (Ladestrom sinkt, wenn die Spannung sinkt)
- a = automatisches Abschalten
- o = automatisch auf eine andere Kennlinie umschalten
- e = automatisch neu einschalten
- U = konstante Ladespannung
- I = konstanter Ladestrom

6.4 Der Ladestrom

Die meisten Ladegleichrichter liefern keinen exakten Gleichstrom, sondern einen pulsierenden Gleichstrom. Die Richtung des Stromes ist immer die gleiche, aber der Strom wird hundertmal pro Sekunde kurz abgeschaltet oder gesenkt. Der für die Ladung wichtige Wert ist der rechnerische Mittelwert. Manche Produzenten geben den effektiven Ladestrom an. Dieser ist für die Ladung der Batterie unwichtig, weil er ungefähr um den Faktor 1,5 zu hoch ist. Es sollten beim Kauf eines preiswerten Ladegerätes folgende Angaben beachtet werden:

Zum Beispiel :
VARTA Ladegerät vom Typ WAE 126/6. Der rechnerische Durchschnitt des Ladestroms ist 6 A. Der effektive Wert beträgt jedoch 9 A.
Wenn die Größe der Ladezeit oder die Energiemenge beziffert werden soll, wird dafür der rechnerische Durchschnitt verwendet. Zu beachten ist jedoch, daß der Strom während der Ladung nach der W-Kennlinie gleichmäßig sinkt. Vorher soll der Mittelwert des sinkenden Stroms errechnet werden.
Der Ladezustand bei Ladebeginn ist wichtig. Man kann den Ladezustand der Batterie einfach feststellen, indem man die spezifische Masse oder die Ruhespannung der Batterie mißt (siehe Tabelle S. 28).

6.5 Die Ladespannung

Wenn Bleibatterien mit ungeregelten Ladegeräten (W-Kennlinie) oder mit einem konstanten Strom (I-Kennlinie) geladen werden, steigt die Spannung bis über die Gasungsspannung (Endspannung in der Zelle 2,7 V/Zelle, dies sind 16,2 V in einer 12-V-Batterie). Die Gasungsspannung ist 2,35 V bis 2,4 V (ungefähr 14,4 V in einer 12-V-Batterie). Wenn die Spannung größer wird als die Gasungsspannung, bildet sich ein Gas in der Batterie. Die Folge ist, daß in der Batterie Wasser verbraucht wird.
Das Wasser bildet Wasserstoff und Sauerstoff während einer elektrochemischen Reaktion. Es ist wichtig, daß diese explosive Gasmischung ausreichend entlüftet wird. Die automatische Spannungsabschaltung, die einen Grenzwert von 2,35 V hat (14,1 V in einer 12-V-Batterie) verhindert ein Auftreten der Gasentwicklung (U/- oder WU-Kennlinie). Diese Ladekennlinie wird in Kraftfahrzeugen eingesetzt.

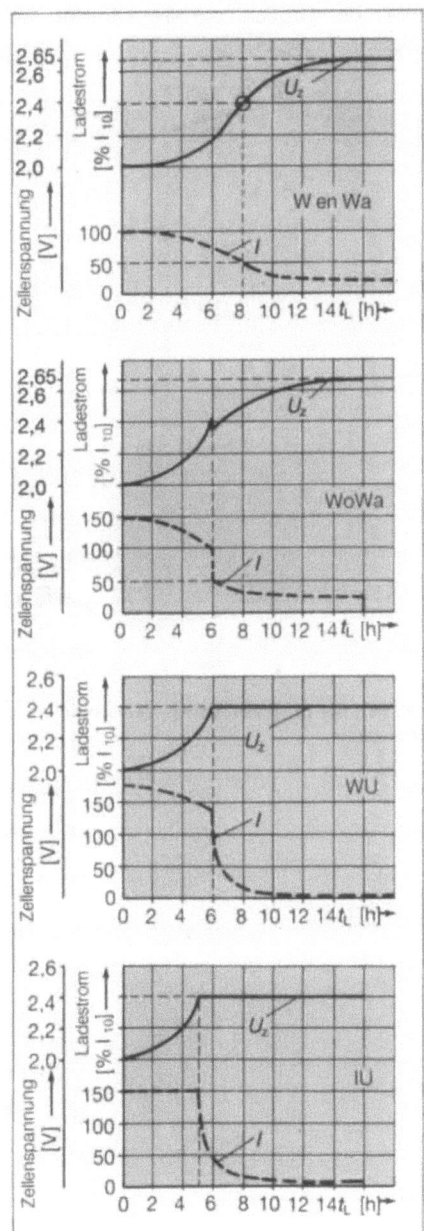

Ladekennlinien:

W- und Wa-Kennlinie

Sinkender Ladestrom I bei steigender Zellenspannung U_z. Ausschalten von Hand oder automatisch (zum Beispiel 4 Stunden nach Erreichen der Spannung U_z = 2,4 V).

WoWa-Kennlinie

Zwei-Stufen-Ladung, die bei einer Zellenspannung von U_z = 2,4 V automatisch auf einen niedrigen Ladestrom I umschaltet.

WU-Kennlinie

Laden mit einem sinkenden Strom I bis eine Zellenspannung von U_z = 2,4 V erreicht ist. Danach wird die Spannung konstant gehalten und nicht abgeschaltet, da mit einem kleinen Strom geladen werden soll.

IU-Kennlinie

Laden mit einem konstanten Strom bis die Zellenspannung einen Wert von U_z = 2,4 V erreicht hat. Die Spannung wird danach konstant gehalten und nicht abgeschaltet, da die Ladung mit einem kleinen Strom fortgesetzt werden soll.

Bild 38:

Der Ladezustand einer Batterie gekennzeichnet durch verschiedene Parameter.

Ladezustand	% entladen	spezifische Masse	Klemmenspannung in Volt
100%	0	1,28	12,7
80%	20	1,245	12,5
60%	40	1,21	12,3
40%	60	1,175	12,1
20%	80	1,14	11,9
0%	100	1,10	11,7

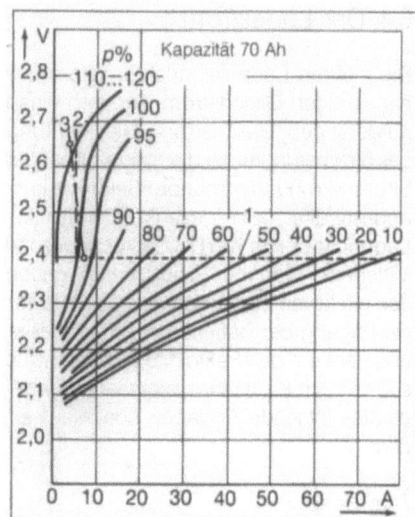

Bild 39: Die Ladespannung mit den Parametern: Ladestrom und Ladezustand p in%.
Wenn der Ladestrom steigt, wird die Gasungsspannung (2,4 V/Zelle) eher erreicht.
Schaut man sich die Kurve mit einem 50prozentigen Ladezustand an, stellt man fest, daß die 2,4 V/Zelle bei einem Ladestrom von 45 A erreicht werden. Wird mit 25 A geladen, ist der Ladezustand schon bei 2,3 V/Zelle erreicht. Ist der Ladestrom 10 A, wird dieser Zustand schon bei 2,2 V/Zelle erreicht. Wenn mit einem Ladestrom von 10 A geladen wird, wird bei einer Zellenspannung von 2,4 V/Zelle ein Ladezustand von 95% erreicht.
Grenzwerte :
1. bis Gasbildung
2. nach der Gasbildung bei einem konstanten Strom
3. nach Gasbildung bei einer sinkenden Spannung

Die Batterien werden bis zum Eintreten der Gasungsspannung mit einem relativ großen Strom geladen. Danach, wenn sich Gas bildet, verringert man den Strom, bis ein bestimmter Grenzwert erreicht ist. Je größer der Ladestrom ist, desto eher (kleiner Ladezustand der Batterie) wird die Gasungsspannung erreicht. Wenn also die Ladezeit der Batterie kürzer werden soll, hat es keinen Sinn, einen großen Ladestrom zu wählen. Ein Ladegerät, das die Batterie mit einem großen Ladestrom lädt, ist teuer und man erreicht keine schnellere Ladung der Batterie, weil die Batterie länger mit einem kleineren Strom nachgeladen werden muß. Der optimale Ladestrom beträgt ungefähr 25 bis 30% der Batteriekapazität.
Die Schnelladegeräte sollen die Batterie nicht 100% laden, sondern sollen ihr schnell wieder genügend Startenergie geben. Sie sind also speziell dafür geeignet. Es ist sinnvoll, eine Ladestarthilfe statt eines Schnelladegerätes parallel zu schalten, die bei einem Start extra Energie liefert. Läuft der Motor, wird die Starthilfe abgeschaltet, und die Batterie wird von der Lichtmaschine weiter geladen.

6.6 Ladungsaufnahme

Die Menge der Ladung, die die Batterie aufnehmen kann, ist eine wichtige Größe, die die Kapazität der Batterie kennzeichnet. Sie wird bei einer konstanten Spannung und Temperatur im Ladezustand von 50% gemessen. Außer diesen drei Bedingungen ist die Ladungsaufnahme vom Aufbau und der chemischen Zusammensetzung der Batterie abhängig. Sie ist eine der Größen, die die Qualität der Batterie festlegen.

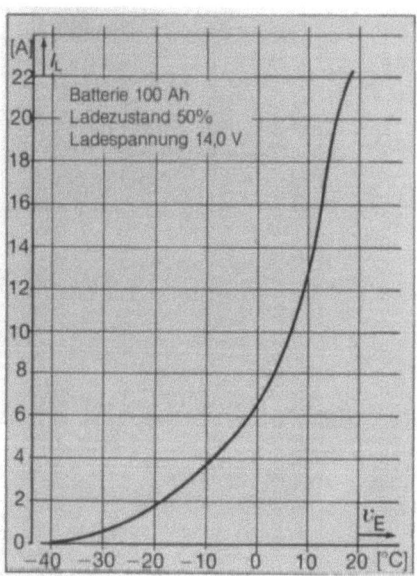

Bild 41: Der Ladestrom mit der Temperatur als Parameter.

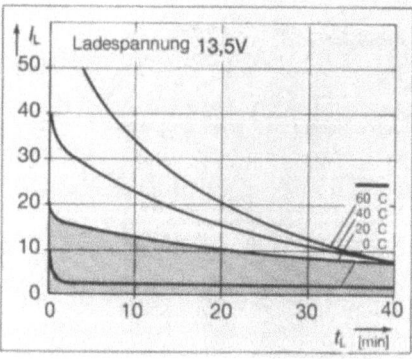

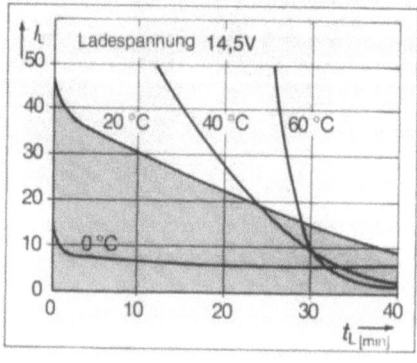

Bild 40: Der Einfluß der Regelspannung und der Temperatur auf den Ladestrom.
Batterie 12 V, 36 Ah
Ladestrom : 50 A max.
Temperatur : 0 °C, 20 °C, 40 °C und 60 °C
Ladezustand
vor dem Laden: 50%

7 Abnutzungserscheinungen

Jedes Teil hat eine bestimmte Lebensdauer, dies gilt auch für eine Batterie. Abnutzungserscheinungen sind oft die Folge einer falschen Anwendung oder des normalen Verschleißes beim Batteriebetrieb. Es kann passieren, daß die Batterie nach einiger Zeit nicht mehr richtig funktioniert.

7.1 Korrosion

Dies ist die wichtigste Abnutzungserscheinung, die an den positiven Platten der Batterie auftritt. Wie in dem Kapitel „Bauarten" schon besprochen wurde, sind die Gitterplatten die Träger des aktiven Materials und leiten den Strom zu den Polbrücken. Das Gitter wird trotz verschiedener metallurgischer Maßnahmen nach einiger Zeit durch die Säure angegriffen. Korrosion ist die Oxidation der kleinen Röhrchen in der Gitterplatte, die ihre Leitfähigkeit deswegen verlieren. Der elektrische Widerstand R_i steigt mit zunehmender Korrosion, wodurch der Spannungsverlust in der Batterie größer wird. Wenn der Spannungsverlust in der Batterie so groß ist, daß bei einem Start die Klemmenspannung nicht ausreicht, um den Starter mit Strom zu versorgen oder einen Zündfunken zu erzeugen, dann ist die Batterie verschlissen.

Die Ursache der Korrosion ist hauptsächlich die Überladung der Batterie. Wenn die Ladung der Batterie beendet ist, wurde die aktive Masse ganz umgesetzt und die Transformation ist beendet. Wird jetzt weiter elektrische Energie zugeführt – was in einem Kraftfahrzeug der Fall ist – dann treten andere unerwünschte Energietransformationen auf. Wir unterscheiden drei Arten und zwar: Wärme, die Bildung des Bleidioxid aus dem Blei der Gitterplatte und die Zersetzung von Wasser (Gasbildung).

Sie sind alle von der Höhe der Ladespannung abhängig. Dieser Wert beträgt in Kraftfahrzeugen 2,4 V/Zelle (Gasungsspannung) oder 14,4 V in einer 12-V-Batterie. Wird dieser Wert kleiner, so wird die Korrosion reduziert, aber das wird den Ladezustand der Batterie negativ beeinflussen.

In der Regel ist die Ladespannung der Batterie so eingestellt, daß das Verhältnis zwischen Korrosion und Ladezustand der Batterie optimal ist. Wenn die positiven Gitterplatten der Batterie korrodiert sind, ist das aktive Material der Platten meistens unangetastet. Die Batterie liefert trotzdem noch einen großen Teil ihrer Kapazität. Wird die Batterie demontiert, stellt sich heraus, daß die positiven Platten brüchig und mechanisch sehr schwach sind. Eine kleine Belastung der Platten läßt sie zu Bruch gehen.

Korrosion ist nicht nur von der Ladespannung abhängig, sondern auch von der Temperatur. Eine schlechte Kühlung oder eine zu hohe Außentemperatur verkürzen die Lebensdauer der Batterie. Man sagt deshalb auch, daß eine Batterie im Sommer verschleißt und im Winter kaputt geht. Außerdem entsteht ein übermäßiger Verschleiß an der Batterie, wenn die Spannungsreglung nicht stimmt (Einstellung

Bild 42: Korrodierte positive Platten.
Die Gitterplatte ist beschädigt durch eine Überladung der Batterie. Weil der innere Widerstand der Batterie sehr hoch ist, ist die Batterie nach einem Startversuch nicht mehr belastbar.

oder Defekt am Stromregler). In einer VARTA-Batterie wird die Korrosion vermindert, indem eine Legierung von Selen verwendet wird. Wie in Kapitel 5 angesprochen, ist die Selbstentladung der Batterie eine weitere Ursache der Korrosion.

7.2 Ausfall der aktiven Masse

Dieser Verschleiß tritt auf, wenn die Batterie im Lade- oder Entladebetrieb zyklisch belastet wird. Währenddessen ändert sich die Größe des Volumens der aktiven Masse der Batterie. Das Volumen wird größer im Entladebetrieb und kleiner, wenn geladen wird. Die Änderungen im Volumen verursachen während der Ladung Massenkräfte, die während der Gasbildung Teilchen aus der Platte lösen, die dann ausfallen.

Bild 43: Verschleiß durch Masseverlust.
Weil die Batterie übermäßig zyklisch belastet wurde, löst sich aktives Material aus der Gitterplatte und fällt auf den Batterieboden. Ein Kapazitätsverlust ist die Folge.

Wenn die Batterie am Tage ganz entladen und in der Nacht wieder mit einem Schnellader geladen wird, sind die positiven Platten der Batterie nach einer Betriebszeit von einem Jahr größtenteils ausgefallen. Das Gitter befindet sich dann jedoch noch in einem guten Zustand. Ein Massenausfall in der Batterie entsteht auch, wenn das Energiegleichgewicht ungleich Null ist. Dies bedeutet, daß die Lichtmaschine die Batterie nicht in einen Ladezustand von 100% bringen kann. Dies ist oft der Fall bei Batterien von Bussen. Weil die Lichtanlage während längerer Wartezeiten mehr Strom verbraucht, als die Lichtmaschine liefern kann, entlädt sich die Batterie fast ganz. In Stadtbussen werden deshalb heavy-duty oder Semi-Traktionsbatterien eingesetzt. Sie haben dickere Platten und Glaswolleseparatoren. Semi-Traktionsbatterien haben außerdem eine feste aktive Masse in den positiven Platten. Fallen sehr viele Massenteilchen, so entsteht die Gefahr, daß ein Kurzschluß auftritt. Die Teilchen, die in der Batteriesäure schweben und an der negativen Platte sedimentieren, werden zu Blei umgewandelt.

Ein englischer Begriff für diese Erscheinung ist „mossing". Moderne Batterien sind mit Folienseparatoren ausgestattet (VARTA super HD- und VARTA Grand Prix-Batterien), die die Kurzschlußgefahr ganz ausschließen, wodurch die Lebensdauer und Betriebssicherheit der Batterie größer wird.

7.3 Sulfatieren

Wenn die Batterie entladen wird, bildet sich in den Platten der Batterie Bleisulfat. Diese Bleisulfatbildung ist normal. Das Bleisulfat hat eine feine amorphe Struktur. Wenn eine Batterie sehr oft ganz entladen wird oder regelmäßig nur kurz geladen und längere Zeit vernachlässigt wird, kristallisiert das Bleisulfat. Es bilden sich relativ große Bleisulfatkristalle, die die Poren der Platten verstopfen. Die kleinen Bleisulfatkristalle sind schlechte Elektrolyte, weil sie im Verhältnis zu anderen Kristallen eine kleine Oberfläche haben. Die Folge ist, daß ein Kapazitätsverlust auftritt. Es ist also eine Art Verschleiß als Folge falscher Behandlung der Batterie. Die Auskristallisierung ist die Folge einer niedrigen Elektrolytkonzentration und einer hohen Temperatur. Es bilden sich größere Kristalle, wenn die Temperatur

Bild 44: Sulfatierte Platten.
Weil die Batterie länger nicht geladen wurde oder lange einen niedrigen Ladezustand hatte, sulfatierten die Platten der Batterie. Die Folge ist ein Kapazitätsverlust der Batterie.

wieder sinkt. Es ist darum wichtig, daß eine leere Batterie so schnell wie möglich wieder geladen wird. Ein leerer Ladezustand der Batterie entsteht, wenn die Batterie bei einer Entladung bis auf 0 V zurück geht. Wenn eine solche Batterie wieder geladen wird, kann es passieren, daß durch die Folienseparatoren zwischen den Platten Sulfatbrücken entstehen, die einen Kurzschluß verursachen. Oft führt dies zu nicht gerechtfertigten Reklamationen mit der Begründung, daß es sich um einen Produktionsfehler handelt.

7.4 Störungen und Defekte

7.4.1 Die Inbetriebnahme
Starterbatterien werden, abhängig vom Einsatzgebiet, im vollen Ladezustand (mit Batteriesäure) oder trocken geliefert (ohne Batteriesäure). Wenn die Batterie trocken geliefert wird, wird sie vor ihrer Inbetriebnahme mit der Säure aufgefüllt. Nach ungefähr 20 bis 30 Minuten ist die Batterie einsatzbereit. Wenn die Batterie lange in einer feuchten Umgebung gelagert wurde, ist ein Teil der Ladung durch Oxidation (an den negativen Platten) verloren. Wenn die Batterie jetzt gefüllt wird, wird sie heiß, weil die Schwefelsäure mit dem Bleidioxid reagiert (die spezifische Masse sinkt). Die Startenergie dieser Batterie kann in diesem Fall zu niedrig sein, wodurch eine Ladung der Batterie notwendig wird.

7.4.2 Der nicht ausreichende Ladezustand
Eine nur teilweise geladene Batterie bringt nicht genügend Leistung. Dies ist der Fall, wenn zum Beispiel die Beleuchtung des Fahrzeugs (Nebel) angelassen wurde, wenn der Regler defekt ist, wenn er eine zu niedrige Regelspannung hat oder wenn der Keilriemen verschlissen ist. Eine Batterie, die für andere Zwecke verwendet wird, kann einen zu niedrigen Ladezustand bekommen, wenn ein zu kleines oder defektes Ladegerät verwendet wurde. Wenn die Batterie vernachlässigt wird, führt dies sowieso zu einem Ladeverlust, was in jedem Fall nach einiger Zeit zu einem Kapazitätsverlust führt.

7.4.3 Eine nicht ausreichende Menge des Elektrolyts
Die Batterieplatten funktionieren nur in Kombination mit der Batteriesäure. Wenn die Säure fehlt, sich Gas bildet oder wenn die Batterie undicht ist, funktioniert die Batterie nicht richtig.

7.4.4 Eine schlechte Leitfähigkeit der Batterie
Ein großer Startstrom hat seine ideale Leistung, wenn alle Kontakte ihre normale Leitfähigkeit besitzen. Wenn die Klemmen oder Kontakte korrodiert sind, können Störungen auftreten. Dies ist auch der Fall, wenn Brüche oder defekte Kontakte innerhalb der Batterie auftreten. Es herrscht sogar eine erhöhte Explosionsgefahr.

7.4.5 Defekte Zwischenwände
Eine defekte Zwischenwand oder eine undichte Kontaktstelle zwischen zwei Zellen verursachen eine Entladung und Sulfatierung der beiden Zellen.

7.4.6 Thermischer runaway
Dieses Problem tritt auf, wenn die Batterie bei einem längeren Fahrbetrieb mit einer zu großen Ladespannung in Verbindung mit einer schlechten Kühlung geladen wird. Eine Temperaturerhöhung führt zu einer größeren Ladeaufnahme, die wieder eine Temperaturerhöhung verursacht usw. Weil die Temperatur immer höher steigt (90–100 °C), verursacht dies zuletzt einen nicht reparablen Schaden. Eine Zusammenfassung der Störungen, Ursachen und Folgen finden Sie am Ende von Kapitel 11 (Testen der Batterie).

7.5 Zusammenfassung

Den Verschleiß an einer Batterie kann man in drei Gruppen einteilen:
- Korrosion der positiven Platten, die den inneren Widerstand der Batterien erhöhen.
- Massenausfall als Folge zyklischer Belastung, wodurch ein Kapazitätsverlust entsteht.
- Sulfatierung, als eine Art chemischer Verschleiß, die oft entsteht, weil die Batterie nicht nach Vorschrift gepflegt wird, was zur Folge hat, daß die Elektroden ausfallen. In dem Kapitel „Testen der Batterie" wird eine Übersicht der meist vorkommenden Störungen gegeben.

8 Normen

Obwohl man seit vielen Jahren versucht, die Vielfalt der verschiedenen Batterien zu beschränken, gibt es trotzdem hunderte verschiedener Batterien-Typen, die hauptsächlich auf Wunsch der Automobilindustrie entwickelt wurden. Ein Standard ist bis jetzt noch nicht in Aussicht. Bis heute beschränkt sich die Entwicklung eines Standards auf das Gebiet der Batterietestmethoden. Die elektrische Leistung einer Batterie ist von vielen Faktoren abhängig, so daß es sinnvoll ist, einen Standard zu entwickeln, wie die Leistung einer Batterie am genauesten gemessen werden kann und welche Größen dafür wichtig sind, damit man die verschiedenen Werte miteinander vergleichen kann. Wie in Kapitel 4 schon beschrieben, ist die Kapazität einer Batterie von verschiedenen Faktoren abhängig. Soll dagegen die Startleistung bei Kälte, die Aufnahme der Ladung, Wasserverbrauch, die Selbstentladung, Lebensdauer usw. einer Batterie festgelegt werden, müssen erst Randbedingungen definiert werden, so daß man die verschiedenen Messungen miteinander vergleichen kann.

Die Normen legte früher jedes Land selbst fest. Die Folge war, daß es in den Niederlanden die NEN, in Deutschland die DIN, in den Vereinigten Staaten die SAE, in England die B.S., in Frankreich die N.F. und in Japan die JIS gibt.

So wie die Maschinenbauer die ISO entwickelt haben, wurden vom IEC (International Electrotechnical Commission) auf dem Gebiet der Elektrotechnik Normen für elektrische Geräte entwickelt. In Deutschland liefert der ZVEI-DKE-TuN in Zusammenarbeit mit der ISO und der IEC, einen Beitrag zur Entwicklung bei der Aufstellung von einheitlichen Normen. Jeder Bereich hat eine Kommission, die die Entwicklung auf ihrem Gebiet verfolgt. Die Batterien fallen international in den Zuständigkeitsbereich der IEC 21.

Außerdem gibt es eine Europäische Norm, die CENELEC genannt wird. Auch die CENELEC-Normen sind auf den IEC-Normen aufgebaut. Sie haben in der EEG eine gesetzliche Bedeutung. Ein EEG-Mitglied kann den Import eines Produktes nicht verweigern, wenn das Produkt nach diesen Normen produziert wurde. In Europa sind die DIN-Normen 72311 und 43539, die IEC-Normen IEC 95, 186, 254 (für Starterbatterien, ortsfeste Batterien und Antriebsbatterien) und die IEC-Normen 285, 509, 622 und 623 (für Nickel-Cadmium-Batterien) wichtig.

Bild 45 und 45a: Die VARTA Batterien werden nach der DIN-Norm produziert. Um die Norm zu erfüllen, durchlaufen die Produkte eine scharfe Kontrolle. Sie sehen einen Polaritätstest und einen Isolationstest beziehungsweise Stromtest.

Obwohl die internationalen Normen miteinander vergleichbar sind, treten bei der Definition des Kälteprüfstroms große Unterschiede auf. Die Entladezeiten und verschiedenen Spannungen haben einen großen Einfluß auf den Wert des Stroms. Es gibt darum auf diesem Gebiet auch große Mißverständnisse und falsche Beurteilungen der verschiedenen Batterietypen.

Die DIN-Norm ist die engste Norm. Sie setzt fest, daß die Spannung nach 30 s einen höheren Kälteprüfstrom liefert. Wenn eine Spannungsabnahme von 0,1 V auftritt, bedeutet dies einen 3% bis 3.7% höheren Kälteprüfstrom. Die 60 s Spannung (IEC) ist bei einem gleichbleibenden Kälteprüfstrom 0,1 bis 0,2 V niedriger als bei einer 30 s Spannung.

8.1 Eine Übersicht der verschiedenen Eigenschaften von Batterien nach den verschiedenen IEC-, DIN- und SAE-Normen.

Eigenschaft	IEC 95	DIN 43539	SAE
Kapazität C in Ah	Temp. 25 °C Strom I = 1/20 C Zeit 20 h Spannung > 10,5 V	27 °C Strom I = 1/20 C Zeit 20 h Spannung > 10,5 V	
Kälteprüfstrom CC**A** in A	Temp. −18 °C Strom nach Angaben des Lieferanten Zeit 60 s Spannung > 8,4 V	Temp. −18 °C Strom nach Angaben des Lieferanten Zeit 30 s Spannung 9 V nach 150 s Spannung gleich 6 V	Temp. −17,8 °C Strom nach Angaben des Lieferanten Zeit 30 s Mindestspannung 7,2 V
Ladezustand in A	Bei Beginn der Entladung: 5 h mit 1/20 C (I_{20}) Temp. 0 °C Laden bei 14,4 V nach 10 min Strom > 2 x I_{20}	Ladezustand 50% Temp. 0 °C Laden bei 14,4 V nach 10 min Strom 4 x I_{20}	Ladezustand 0% Laden mit 25 A bis 0,8 x RC Temp. 0 °C Laden bei 14,4 V Strom > 2% von CCA
Lebensdauer (zyklisch)	Temp. 40 °C 1 Zyklus ist 32mal Entladen 1 h mit 1/4 C Laden 2 h bei 14,8 V (max. 1/2 C) 72 h Ruhe Kälteprüfstrom bei −18 °C Voraussetzungen: 3 Zyklen Spannung beim Start nach 30 s > 7,2 V	Temp. 40 °C 1 Zyklus ist 24mal 2,5 h Laden bei 14,8 V 0,5 h Entladen 10 x I_{20} 67 h Ruhe Kälteprüfstrom Voraussetzungen: 6 Zyklen Spannung beim Kaltstart nach 30 s > 7,2 V	Temp. 41 °C 1 Zyklus – Entladen 4 min mit 25 A Laden 14,8 V max. 25 A Dauer 10 min insgesamt 100 h 60 bis 72 h Ruhe Kälteprüfstrom: nach Angabe des Lieferanten
Reservekapazität RC in min	Temp. 25 °C Entladen 25 A Endspannung 10,5 V Entladungsdauer in min		Temp. 26,7 °C Entladen 25 A Endspannung 10,5 V Entladezeit in min
Vibrationsfestigkeit	Temp. 25 °C Freq. 30–35 Hz Beschleunigung 30 m/s² (3g) Zeit 2 h HD 50 m/s² Zeit 8 h Starttest 25 °C nach 60 s > 7,2 V	Frequenz der Schwingung 22 Hz Beschleunigung 6g Zeit 2 h HD 20 h Starttest bei 23 °C Dauer max. 20% unter nomal Spannung max. 0,3 V weniger	Temp. 27 °C 1 Zyklus – Beschleunigung 5g Zeit 2 h Frequenz 30–35 Hz Kaltstarttest vom Lieferanten wird die Anzahl der Zyklen angegeben
Wasserverbrauch einer wartungsfreien Batterie in g pro Ah	Temp. 40 °C Laden bei 14,4 V Zeit 500 h Massenverlust max. 6 g pro Ah	Temp. 40 °C Laden 14,4 V Zeit 21 Tage Massenverlust max. 6 g pro Ah	

Bemerkung: Die größten Unterschiede stellt man beim Kälteprüfstromtest fest. Es ist einfacher, sie mit den nachstehenden Formeln miteinander zu vergleichen:

Strom nach SAE = DIN x 1,66   oder   **DIN Kälteprüfstrom = SAE Angabe x 0,63**
Strom nach IEC = DIN x 1,15   **DIN Kälteprüfstrom = IEC Angabe x 0,87**

8.2 Die Typenbezeichnung

Ein interessantes Beispiel der Normierung ist die Typenbezeichnung der Batterie. Weil die Produkte verschiedener Produzenten kompatibel sein sollen, sind Maße und technische Eigenschaften nach denselben Richtlinien festgelegt. Bei Batterien ist es wichtig, daß Batteriepole, Batteriehalter, Ventilationssysteme usw. sich gleichen.
In Nord-Amerika sind das die BCI-Richtlinien (Battery Council International). Die BCI-Nummer gibt an, in welche Kraftfahrzeuge die Batterie eingebaut werden kann, obwohl es nicht selbstverständlich ist, daß sie die gleichen Eigenschaften, wie Kapazität und Starteigenschaften haben. Die Eigenschaften werden bei der SAE-Norm an letzter Stelle in der Nummer gesetzt.
Zum Beispiel:

27F – 450

(Gruppennummer)   (Kälteprüfstrom).

Viele westeuropäischen Produzenten verwenden bei der Bezeichnung der Batterie, neben ihrem eignen Code die DIN-Norm.
Sie ist eine fünfstellige Zahl.
Aufbau der DIN-Nummer:
a) 1. Ziffer ob 6 oder 12 V
b) 2. und 3. Ziffer Nennkapazität
c) über 100 Ah geht diese auch in die 1. Ziffer ein

z. B. 6 V/ 84 Ah ≙ 084..
      6 V/125 AH ≙ 125..

z. B. 12 V/ 70 Ah ≙ 570..
      12 V/125 Ah ≙ 625..

Die letzten zwei Ziffern sind die Zählenummern der Batterie. Alle DIN-Batterietypen werden mit ihren wichtigsten Eigenschaften in einer Liste festgehalten. In dieser Liste wird auch der Kälteprüfstrom nach der DIN-Norm eingetragen. Eine Bezeichnung nach der DIN-Norm ist natürlich viel detaillierter als mit irgendeiner Nummer anderer Systeme. Eine Batterie, die eine DIN-Typ-Nummer erhalten hat, muß den geltenden DIN-Normen entspechen.

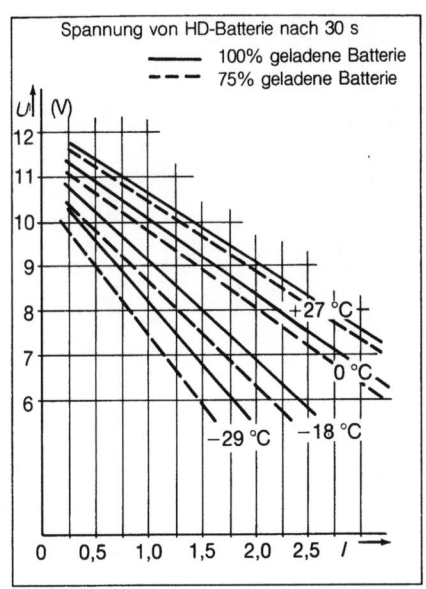

Bild 46: Die DIN-Norm setzt bei einem Kälteprüfstrom nach 30 s eine Spannung von 9 V voraus.
Nach dieser Norm ist der Strom, mit dem die Batterie belastet wird (im Bild gezeigt), ein Vielfaches des Nennwertes des Kälteprüfstromes bei verschiedenen Temperaturen.

verschiedenen Batterietypen zu reduzieren. Die Normenausschüsse konnten dieses Ziel bis jetzt noch nicht erreichen. Sie haben jedoch Richtlinien eingeführt, damit die verschiedenen Eigenschaften der Batterien miteinander verglichen werden können. Die nationale Norm gilt in den verschiedenen Staaten und Ländern noch immer, die europäische Norm (CENELEC) und die weltweit geltende Norm (IEC) gewinnen jedoch langsam an Bedeutung. Außer Testmethoden wurden auch Typenbezeichnungen genormt. Sie erleichtern den Einsatz von verschiedenen Typen. In diesem Zusammenhang sind die BCI-, die Eurobat- und die DIN-Typenbezeichnung wichtig

8.3 Zusammenfassung

Manchmal stellt sich die Frage, warum es so viele verschiedene Batterietypen gibt. Gibt es keine Norm? Es ist sicher sinnvoll und technisch möglich, die Anzahl der

9 Was ist beim Einsatz einer Batterie zu beachten

Die Kriterien, die beachtet werden müssen, sind:
- Wo ist die Batterie im Einsatz?
- Wie viele Zellen werden eingesetzt? Welche Spannung wird gebraucht?
- In welchem Bereich müssen die Spannungsgrenzen liegen?
- Wie groß soll die Kapazität der Batterie sein?

In Kapitel 3 wurde gezeigt, daß es verschiedene Batterietypen gibt, die für mehrere Einsatzgebiete optimiert wurden. Hier werden Batterien besprochen, die in Kraftfahrzeugen eingesetzt werden. Diese werden in verschiedene Gruppen unterteilt. Es gibt zum Beispiel die normale Startbatterie, Batterien für Dieselaggregate, spezielle Batterien für Taxen, HD-Startbatterien, geschlossene VARTA-(LF) Batterien, Batterien für Beleuchtungsanlagen, Antriebsbatterien, Hobbybatterien, Batterien für Solarzellen und Motorradbatterien. Die elektrischen Anlagen im Pkw benutzen 12 V Spannung, im Lkw werden meistens 24 V bevorzugt.

Die Spannung richtet sich meistens nach der Leistungsaufnahme der Aggregate. Antriebsbatterien gibt es auch mit einer Spannung von 36, 72, 80 und 120 V, dagegen haben ortsfeste Batterien üblicherweise eine Spannung von 24, 60, 110 und 120 V. Die Anzahl der Zellen entspricht meistens der Hälfte der Nennspannung.

Für eine ortsfeste Batterie mit 110 V und einen Toleranzbereich von 10% beträgt die Ladespannung 2,32 V/Zelle. Das bedeutet, daß wir (110 + 10%) V/2,32 V = 52 Zellen für diese Batterie benötigen. Wenn die Batterie den Ladezustand von 99 V erreicht hat, ist die Spannung in den Zellen 99/52 = 1,9 V/Zelle. Die Nennspannung einer Batterie ist also der Mittelwert zwischen der Entladespannung und der Ladespannung.

9.1 Die Startkapazität

Die Hauptfunktion einer Startbatterie ist das Liefern der Startenergie für einen Verbrennungsmotor. Die Eigenschaften der Batterie beim Start und vor allem bei tiefen Temperaturen sind die wichtigsten, weil der Kaltstart die größten Anforderungen an die Batterie stellt.

Der Kälteprüfstrom ist nicht direkt proportional zur Kapazität der Batterie. Dieser Kältesprüfstrom ist abhängig vom Bautyp der Batterie und kann einen Wert haben, der 3- bis 6 (K-Faktor) mal dem Nennwert

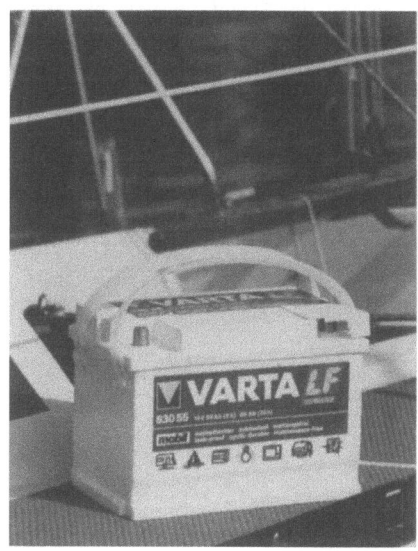
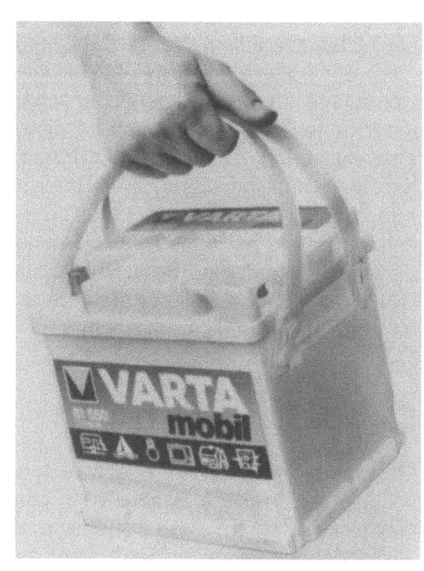

Bild 47 bis 50: Verschiedene spezielle VARTA Batterietypen:
- VARTA Heavy Duty-Batterien, start- und zyklenfest, sehr vibrationsfest.
- Geschlossene LF Batterien, wartungsfrei (zum Beispiel für Stadtbusse).
- Batterien, die gekippt werden können, hauptsächlich für Freizeit, wartungsfrei.
- VARTA „Mobil"-Batterien mit einem zentralen Entlüftungssystem, geeignet für zyklische Belastungen.

der Nennkapazität entspricht. Der Kälteprüfstrom wird von vielen Produzenten nach der DIN-Norm angegeben. Die DIN-Norm schreibt vor, daß der Kälteprüfstrom bei einer Temperatur von −18 °C gemessen wird. Die Temperatur wird, wenn es sich um ein subtropisches Gebiet handelt, manchmal bei 0 °C angegeben. In den nördlichen Ländern wird er bei einer Temperatur von −30 °C angegeben. Außerdem muß die minimale Spannung des Systems angegeben werden. Bei einem Diesel- oder Vergasermotor darf diese Spannung bis zu einem Wert von 6,75 V sinken. Ein Motor mit elektronischer Einspritzung braucht meistens eine minimale Spannung von 7,75 V.

Den Start eines Motors kann man in zwei Phasen unterteilen:

a) Der Anlauf

Beim Anlauf des Starters wird noch keine entgegengesetzte elektromotorische Kraft entwickelt. Die Spannung sinkt bis auf einen Wert von:
$U = U_0 - I_a \times R_i$.
U_0: Klemmenspannung
I_a: Anlaufstrom
R_i: innerer Widerstand der Batterie
U_0 und R_i sind von der Temperatur und vom Ladezustand der Batterie abhängig.

Wenn der Starter dreht, sinkt die Stromstärke auf etwa die Hälfte des Anlaufstromes. Die Klemmenspannung der Batterie steigt auf einen Wert von:
$U = U_0 - I_d \times R_i$.
I_d ist der Strom, der im Stromkreis fließt, wenn der Anlasser stationär dreht.

Ist der Anlaufstrom bei −18 °C zum Beispiel 400 A und der innere Widerstand der Batterie 0,012 Ω, bedeutet dies, daß die Klemmenspannung der Batterie beim Anlauf des Starters einen Wert von
$U = U_0 - I_d \times R_i =$
$11,7\ V - 400\ A \times 0,012\ \Omega =$
$11,7\ V - 4,8\ V = 6,9\ V$ hat.

b) Der stationäre Lauf des Anlassers

Beim stationären Lauf des Anlassers hat der Strom eine Wert von ungefähr 200 A. Die Klemmenspannung ist dann:
$U = U_0 - I_d \times R_i$
$= 11,7\ V - 200\ A \times 0,012\ \Omega$
$= 9,3\ V$.

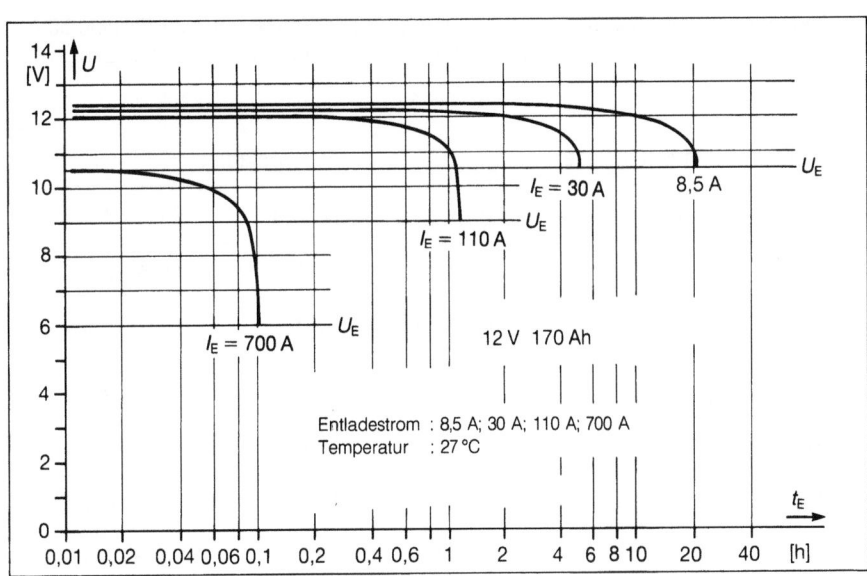

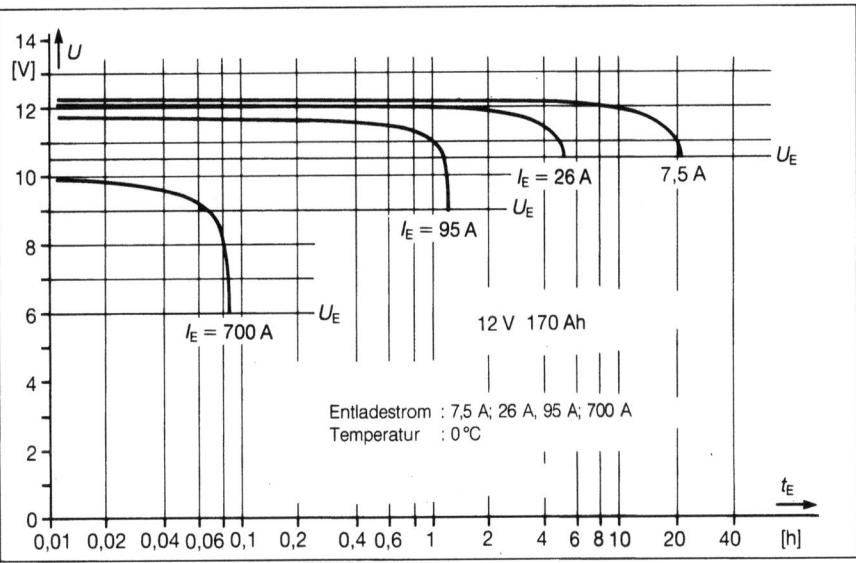

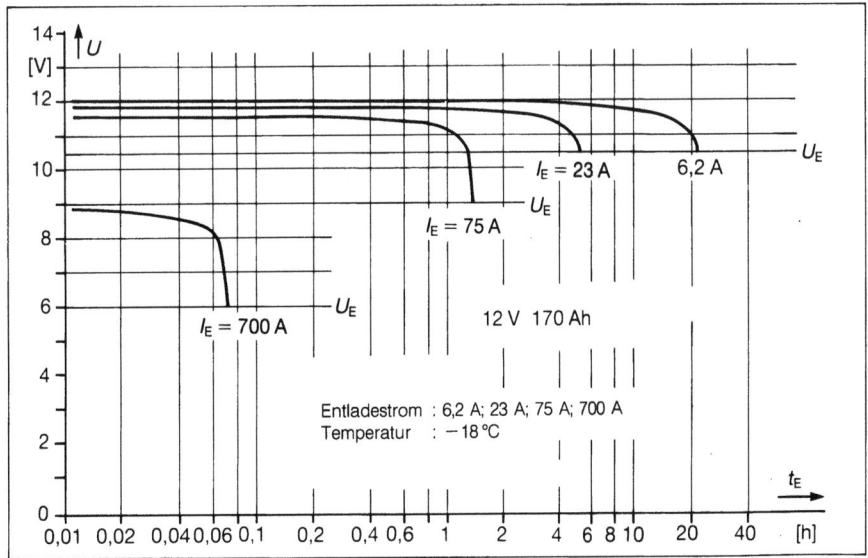

Bild 51a, b und c: Die Spannungskennlinie einer 12 V/170 Ah-Batterie mit der Temperatur und verschiedenen Entladeströmen als Parameter
(Bitte beachten Sie, daß die Skalierung logarithmisch ist.)

In folgender Tabelle sind die Restspannungen und Innenwiderstände für eine 50 Ah PKW-Starterbatterie angegeben, bei verschiedenen Temperaturen und Ladungszuständen.

Temperatur	100% geladen		50% geladen	
°C	U_o Volt	R_i Ohm *	U_o Volt	R_i Ohm *
20	12,30	0,008 - 0,012	11,76	0,009 - 0,013
10	12,24	0,009 - 0,013	11,61	0,010 - 0,014
0	12,12	0,010 - 0,014	11,46	0,011 - 0,015
-10	11,91	0,011 - 0,015	11,28	0,012 - 0,017
-18	11,70	0,012 - 0,017	11,10	0,013 - 0,020
-25	11,46	0,014 - 0,020	10,89	0,015 - 0,023

* von der Konstruktion abhängig

Nachfolgende Tabelle zeigt die benötigte Starterbatterie des Varta-Programms mit dazugehöriger Kapazität und Kaltstartstrom (nach DIN) für unterschiedliche Anlassertypen.

Leistung des Startmotors in kW	Spannung in V	VARTA Typ min./max.	Kapazität in Ah	Kälteprüfstrom A
0,75 - 1	12	544 34 555 30	44 55	210 255
1 - 1,5	12	555 30 588 15	55 88	255 395
1,5 - 2	12	566 18 610 23	66 110	300 450
2 - 2,5	12	588 15 643 23	88 143	395 570
3,5 - 4	12	643 23 710 14	143 210	570 700
4 - 5	24	566 18 610 23	66 110	300 450
5 - 6	24	588 23 643 23	88 143	395 570
6 - 7	24	610 23 710 14	110 210	450 700
7 - 9	24	643 23 710 14	143 210	540 700

Beispiel: 12 V-Beleuchtung:

Verbraucher	Leistung in W	Strom in A	Einschalt-dauer in h	Kapazität in Ah
Armaturentafel	5	0,4	8	3,2
Fahrzeugbeleuchtung	60	5	8	40
Innenraumbeleuchtung	25	2,1	3	6,3
Blinklichter	24	2	5	10
Kühlungsgebläse	100	8,3	0,5	4,2
Radio	6	0,5	4	2
			insgesamt	65,7

$P : 12 = I$ $P : U = I$

Wird ein Sicherheitsfaktor eingebaut, ergibt sich eine Kapazität von

$$65{,}7 \text{ Ah/5h} \times 1{,}45 = 95{,}3 \text{ Ah/5h}$$

Es wird für die Beleuchtung eine Batterie vom Typ   960 02 mit 100 Ah/5h

oder   960 51 mit 105 Ah/5h gewählt

9.2 Die Berechnung der Batteriekapazität

Eine Batterie liefert außer der Startenergie auch die Energie für das Bordnetz. Während der Fahrt wird die Energie parallel mit der Energie der Lichtmaschine in den Stromkreis geleitet. Wenn die Drehzahl des Motors groß ist, versorgt die Lichtmaschine sowohl den Stromkreis als auch die Batterie mit Energie. Ist die Drehzahl jedoch klein, dann ist der Strom, den die Lichtmaschine liefert, zu klein und die Batterie versorgt den Stromkreis mit dem fehlenden Reststrom. Es ist oft der Fall, daß der Kälteprüfstrom den Batterietyp bestimmt. In einem Bus bestimmt jedoch die Kapazität den Batterietyp. Welches Kriterium beim Einsatz einer Batterie wichtig ist, bestimmen die Automobilproduzenten. Sie richten sich nach den elektrischen Geräten (elektrische Uhr, Bordcomputer, Alarmanlage, Tachoanzeige usw.) die in dem Fahrzeug im Einsatz sind.
Der Ladezustand einer Batterie wird durch einen kleinen „Stromverbrauch" sehr beansprucht. Ein Strom von 40 mA liefert pro Tag eine Kapazität von 960 mAh (= 1 Ah). Dies ist in drei Wochen ein Verbrauch von 21 Ah. Das entspricht der Hälfte der Kapazität einer normalen Batterie. Diese Probleme treten zum Beispiel sehr oft auf, wenn Fahrzeuge länger abgestellt werden, vor allem im Winter.
Die Kapazität einer Batterie für Wohnwagen und Wohnmobile berechnet man mit Hilfe des „Stromverbrauchs" und der erwarteten Einschaltzeiten der Geräte. Der Einfluß des mittleren Entladestroms auf die Kapazität und eine Reserve, die den Alterungsprozeß der Batterie berücksichtigt, müssen mit einkalkuliert werden, damit ein zu niedriger Ladezustand der Batterie nicht auftritt. Es wird darum meistens der Faktor 1,45 in die Kapazität (Ah/5h) eingerechnet.

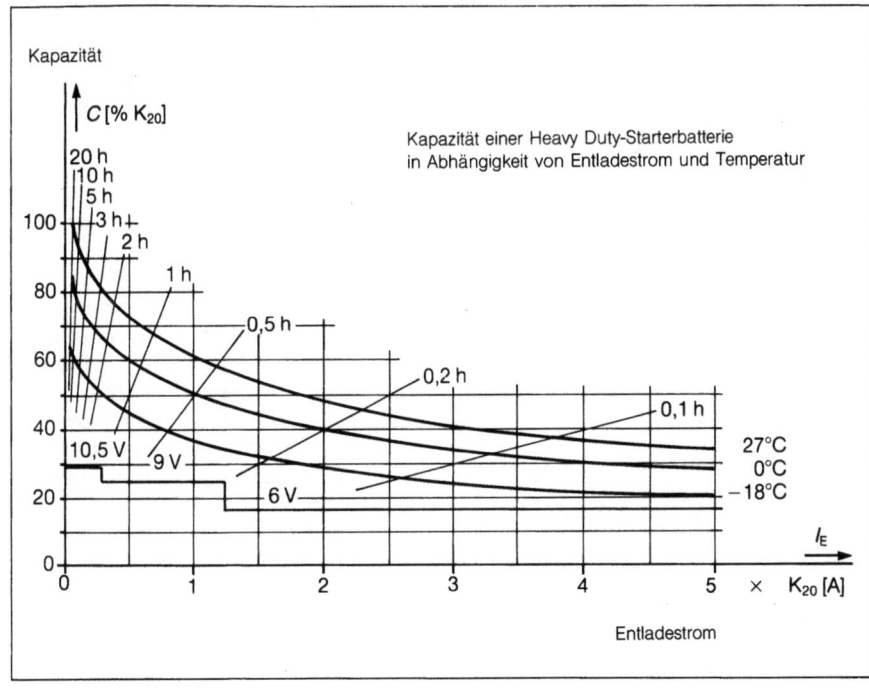

Bild 52: Bei kombinierter Beanspruchung von Starten und Beleuchtung sollten HD-Starterbatterien bevorzugt werden, da sie gute Start- und zyklische Eigenschaften miteinander vereinen.

10 Einsatz und Wartung einer Batterie

10.1 Transport und Lagerung

Batterien müssen gegen Transportschäden gesichert werden. Stöße oder ein Sturz der Batterie können einen nicht reparierbaren Schaden verursachen. Es ist also wichtig, daß der Transport abgesichert ist. Der Transport auf Paletten ist zu empfehlen. Die Paletten sollten jedoch eine Höhe von vier Batterien nicht übersteigen. Wenn es sich um Batterien handelt, die schon mit Säure aufgefüllt sind, sollte man noch vorsichtiger sein, weil ein Sturz einen Gehäusedefekt verursachen kann und ein Auslaufen der ätzenden Batteriesäure wahrscheinlich ist.
Der Transport von Batterien, die eine Masse von mehr als 250 kg haben, ist vom Gesetzgeber festgelegt. Die leeren Batterien sollten in einem trockenen Raum gelagert werden. Die Feuchte würde die Eigenschaften der Batterie nachteilig beeinflussen. Eine Batterie sollte im vollen Ladezustand gelagert werden. Die Qualität der Batterie bestimmt die mögliche Lagerdauer, die eingeschränkt ist. Eine gelagerte Batterie sollte vor dem Einsatz auf ihren Ladezustand überprüft werden (nach Angabe des Produzenten).

10.2 Die Inbetriebnahme

Die Batterie wird vor der Inbetriebnahme mit Batteriesäure gefüllt. Der Säurespiegel sollte 15 mm über der Oberkante der Batterieplatten liegen. Die Temperatur der Säure sollte ungefähr 15 °C betragen. Bis die Batterie angeschlossen wird, sollte ungefähr 20 Minuten gewartet werden, damit sich ein Gleichgewicht einstellen kann. Die Batterie wird mit verdünnter Schwefelsäure gefüllt, die eine spezifische Masse von

$1280 \frac{kg}{m^3}$ hat (minimal 1275 $\frac{kg}{m^3}$).

In tropischen Gebieten beträgt die spezifische Masse

$1240 \frac{kg}{m^3}$ (minimal 1230 $\frac{kg}{m^3}$).

Die Säure muß eine bestimmte Reinheit haben. Es dürfen keine Verunreinigungen wie Metalle oder Chlor in der Flüssigkeit vorhanden sein (DIN-Norm 43530). Wenn die Säure eine größere Konzentration als vorgegeben hat, kann man die richtige Konzentration erreichen, indem mit destilliertem Wasser verdünnt wird. Ausgehend von konzentrierter Schwefelsäure hat man pro Liter Batteriesäure mit SM = 1280 kg/m³ ca. 0,25l konzentrierte Schwefelsäure nötig (für SM = 1230 kg/m³ ca. 0,21 l). Das Wasser muß erst in einen Behälter gefüllt werden, und danach sollte erst die Säure dazugemischt werden. Die umgekehrte Reihenfolge kann zu Explosionen führen und ist gefährlich. HD- und Antriebs-Batterien, die mit Glaswolleseparatoren ausgestattet sind, werden in zwei Schritten gefüllt, damit die Batterie nicht überfüllt wird. Die Säure sollte erst bis zur Oberkante der Platten gefüllt werden, und dann soll erst auf den gewünschten Säurespiegel aufgefüllt werden.

Die Batteriesäure in einer geladenen Batterie mit einer spezifischen Masse von 1280 kg/m³ hat einen Erstarrungspunkt von −60 °C. Eine leere Batterie hat dagegen einen Erstarrungspunkt von −10 °C, sie kann gefrieren. Ein Polypropylen-Gehäuse ist stabil. Die Wahrscheinlichkeit, daß das Gehäuse zerbricht ist klein, da sich die Flüssigkeit nicht zu 100% zu Kristallen bildet. Eine gefrorene Batterie sollte nicht geladen werden, da die zähe Batteriesäure anfängt zu quellen. Die Batterie muß erst auftauen, bevor sie wieder geladen werden kann.

10.3 Der Einbau einer Batterie im Fahrzeug

Die Batterie sollte fest und rüttelfrei eingebaut werden. Sie wird meistens auf einer Bodenplatte mit Leisten arretiert. Die Leisten haben vier unterschiedliche Profile. Jeder Batterietyp hat ein bestimmtes Einbauprofil, was beachtet werden soll. Dazu gehört auch die Position und die Befestigung der elektrischen Pole und Kabel. Wenn die Verbindung mit dem Pol einen Wackelkontakt hat, entsteht eine Brennstelle am Bleipol. Die Polklemme sollte wegen der Korrosion mit Vaseline eingeschmiert werden. Während der Montage sollte immer die Plusklemme zuerst angeschlossen werden und danach erst die Minusklemme (Masse).

10.4 Laden der Batterie

Dieser Aspekt wurde schon ausführlich in Kapitel 6 besprochen. Die Starterbatterien werden in Fahrzeugen nach der IU-Kennlinie geladen. Der Drehstromgenerator, ausgestattet mit Dioden und einem

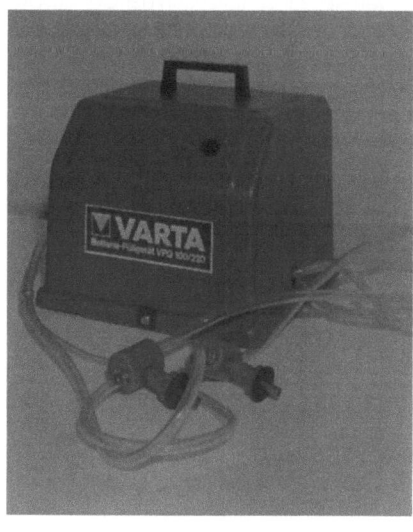

Bild 53: Das VARTA Vakuumnachfüllgerät für Starterbatterien, die zwei Nachfüllöffnungen haben.
Eine Vakuumpumpe saugt einen Unterdruck in die Batteriezellen, wodurch die Säure bis zu einem bestimmten Pegel ansteigt.

Bild 54 und 55: Starterbatterien werden sehr oft mit Hilfe einer Arretierung festgesetzt.
Die Arretierung befindet sich an der kurzen oder an der langen Seite der Batterie. Diese Arretierung hat den Vorteil, daß die Gefahr eines Kurzschlusses sehr klein ist, weil an der Oberkante der Batterie keine Halterungen sind. Eine zusätzliche Sicherheitsmaßnahme ist die Abdeckung der Pole mit einer Kappe.

Einsatz und Wartung einer Batterie

Spannungsregler, ist im Stande, die Ladung mit der *IU*-Kennlinie auszuführen. Die Regelspannung hat einen Wert von 14,2 V. Dieser Wert ist im Normalfall zu hoch. Da aber ein Pkw nur wenige Stunden pro Tag im Einsatz ist, ist diese Einstellung nicht kritisch. Die gewählte Spannung führt zu einer Überladung. Die Batterie ist dafür konstruiert.

Der Extremfall tritt auf, wenn das Fahrzeug nur im Kurzstreckenbetrieb eingesetzt wird und außerdem einen hohen Stromverbrauch hat (Stadtkuriere, Busse, Taxen). Die Folge ist, daß die Batterie oft einen geringen Ladezustand hat. Der Einsatz im Langstreckenbetrieb (Lkw's) ist auch kritisch, da die Batterie überladen wird. Die Batterie hat in beiden Fällen eine kürzere Lebensdauer.

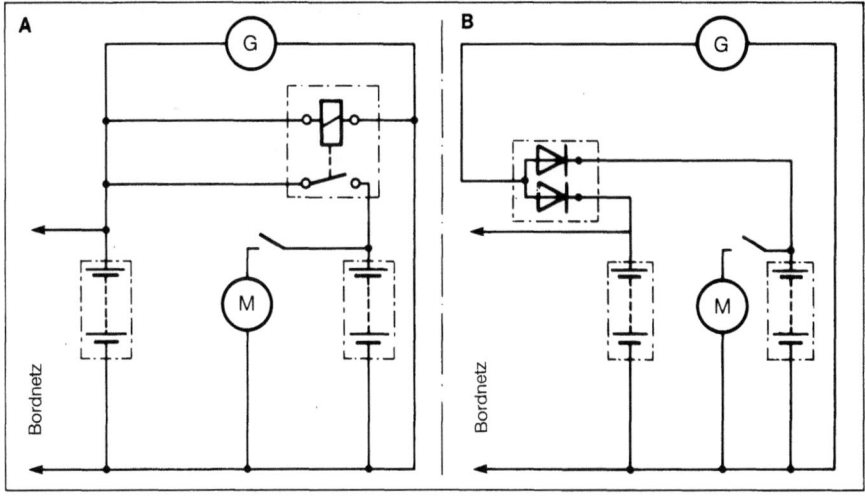

Bild 57: Die Startbatterie eines Schiffs soll nicht über das Bordnetz entladen werden, weil ein Starten dann nicht mehr möglich ist. Darum werden oft unterschiedliche Stromkreise eingesetzt, die mit Hilfe eines parallel geschalteten Relais (A) oder einer Diodenbrücke (B) geschaltet werden.

10.5 Das Laden von zwei parallel geschalteten Batterien

Manche elektrische Stromkreise (Schiffe, Wohnmobile, Wohnwagen) haben für die Energieversorgung zwei parallel geschaltete Batterien. Während der Fahrt werden diese Batterien gleichzeitig geladen. Dieses System sorgt dafür, daß die Batterie, die den größten Stromverbrauch hat, auch den größten Ladestrom bekommt. Eine Überladung einer der beiden Batterien ist so gut wie ausgeschlossen. Die Batterien würden sich bei ausgeschaltetem Motor entladen, wenn sie nicht vom Stromkreis entkoppelt werden.

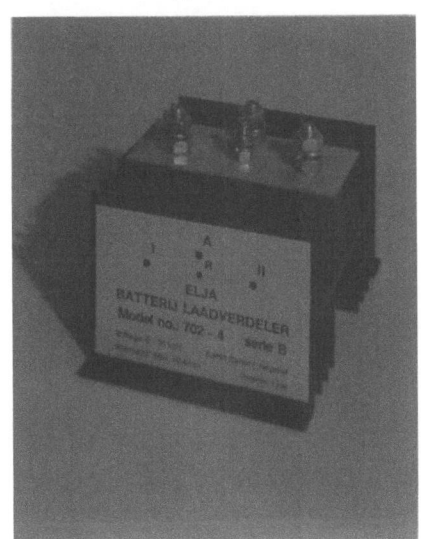

Bild 56: Die Diodenbrücke, die ein gleichzeitiges Laden der Start- und Bordnetzbatterie erlaubt. Eine Hilfsdiode korrigiert die Spannungsregelung (R).

Die Entkoppelung wird mit einer Dioden-Brückenschaltung ausgeführt. Sie ist aus zwei Hauptdioden und eventuell einer Nebendiode aufgebaut. Die zwei Dioden sind in Stromrichtung an die Plusklemme einer Lichtmaschine geschaltet und sollen einen Strom, der in umgekehrter Richtung läuft, verhindern. Die Nebendiode sorgt dafür, daß der Spannungsverlust von der Lichtmaschine zur Batterie gleich dem Spannungsverlust (0,7 V) von der Lichtmaschine zum Spannungsregler ist. Derselbe Erfolg wird erreicht, wenn Laderelais von Bosch verwendet werden. Das Relais schaltet, wenn die Lichtmaschine lädt.

10.6 Laden mit einem Ladegerät

Wenn die Lichtmaschine es nicht schafft, die Batterie zu laden, ist es erforderlich, die Batterie mit einem Ladegerät zu laden. Dies ist auch der Fall, wenn die Batterie längere Zeit nicht in Betrieb war. Wartungsfreie Batterien müssen mit einem Ladegerät mit einer Spannungsbegrenzung (2,35–2,4 V/Zelle) geladen werden, da sonst beim Laden das Überdruckventil schaltet und die Batterie austrocknet. Eine moderne Batterie kann im vollen Ladezustand ohne Probleme ein halbes Jahr gelagert werden. Ein 100prozentiger Ladezustand kann erreicht werden, wenn die Batterie dauernd mit einem kleinen Strom geladen wird. Dieser Ladevorgang kann jedoch einen Verschleiß der Batterie zur Folge haben, wenn die Batterie überladen wird. Die Ladespannung darf nicht höher als 2,2 V/Zelle sein (13,2 V in einer 12 V Batterie). Der durchschnittliche Ladestrom sollte den Wert von 0,5 bis 1 mA nicht übersteigen. Man kann zum Beispiel ein Ladegerät mit einer Zeituhr schalten. Die Zeituhr wird so eingestellt, daß in der Zeit, in der geladen wird, die Batterie 1% ihrer Ladekapazität erreicht. Es sollte beachtet werden, daß eine volle Batterie mit 25% des Nenngleichstroms lädt. Dies bedeutet, daß es ausreicht, eine Batterie von 100 A eine Stunde mit einem 4A-Ladegerät zu laden.

10.7 Parallel und in Reihe geschaltete Batterien

Wenn die Spannung einer Batterie nicht ausreicht, kann eine höhere Spannung erreicht werden, wenn mehrere Batterien in Reihe geschaltet werden. Zwei 12-V-Batterien in Reihe liefern eine Spannung von 24 V. Die Kapazität der Batterien ändert sich nicht. Soll die Kapazität größer werden, kann man die Batterien parallel schalten. Die Plus- und die Minuspole werden jeweils miteinander verbunden. Die Spannung ändert sich nicht. Die Kapazität ist die Summe der beiden Kapazitäten der beiden Batterien. Wenn die Batterien parallel geschaltet sind, passiert es oft, daß die Batterien unterschiedlich geladen werden, weil der Strom sich über den verschiedenen Parallelleitungen unterschiedlich verteilt. In diesem Fall ist es empfehlenswert, die Batterie öfter zu kontrollieren.

Die Schaltung der Batterien sollte symmetrisch sein. Anschlußkabel sollten gleiche Länge und Dicke haben. Die Plusklemme

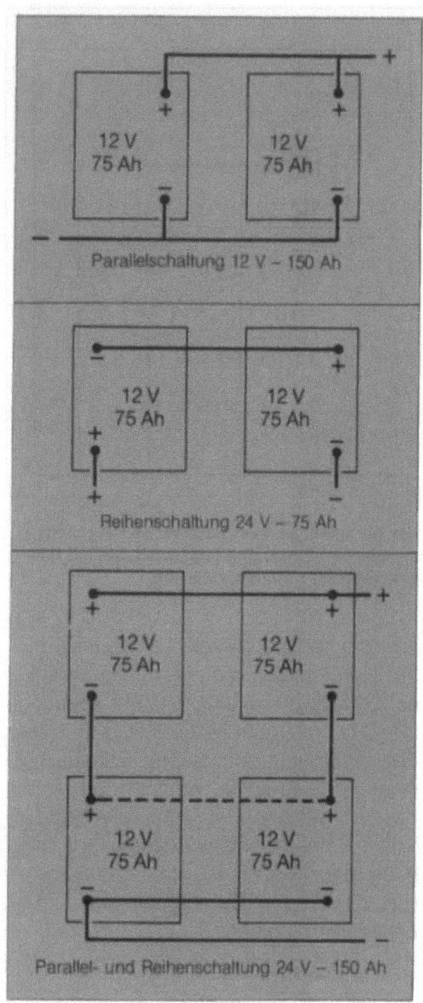

Bild 58: Schaltungen.

sollte man mit Batterie 1 und die Minusklemme mit Batterie 2 verbinden. (Bild 58)

10.8 Explosionsgefahr

Wenn die Batterie geladen wird, bildet sich ein explosives Gas. Es gelangt aus der Batterie über die Ventilationslöcher der Verschlußkappen oder über das zentrale Ventilationssystem. Wenn sich ein Funken oder eine Flamme in der Nähe der Entlüftung bildet, ist die Explosionsgefahr groß. Feuer und Rauchen ist also gefährlich. Außerdem sollte die Funkenbildung verhindert werden, die entsteht, wenn mit Werkzeugen beim Anklemmen der Batterie ein Kurzschluß zwischen den Klemmen der Batterie auftritt. Auch ein Test nach einer Ladung der Batterie ist gefährlich. Wenn bei der Starthilfe zwei Batterien parallel geschaltet werden, ist auch hier Vorsicht geboten. Im letzten Fall ist es empfehlenswert, die Masse nicht in der Nähe vom Minuspol der Batterie anzuklemmen.

Bild 59: Die ISO 7000; ein internationales Recycling-Zeichen.

10.9 Alte Batterien

Defekte Bleibatterien gehören zum Sondermüll und sollten auch dementsprechend entsorgt werden. Batterien mit dem Zeichen ISO 7000 sind wiederzuverwerten. Die Entsorgung und der Transport sollen in säurefesten Containern durchgeführt werden. Für den Großtransport ist eine Erlaubnis notwendig. Die defekten Batterien kann man am besten beim Schrotthändler, der eine Erlaubnis zur Entsorgung der Altbatterien hat, oder beim Batterieverkäufer abgeben.

11 Der Batterietest

Die Kontrolle der Batterie oder Batterieanlagen wird in der Praxis aus verschiedenen Gründen durchgeführt. Beim Test werden nicht nur der Ladezustand und die Belastbarkeit der Batterie geprüft. Es werden außerdem Fehler und ihre Ursachen analysiert. Das Ladegerät oder die Lichtmaschine sollten auch geprüft werden, weil ein falsches Laden der Batterie die Betriebssicherheit und die Belastbarkeit der Batterie beeinflussen.

11.1 Der Ladezustand

Weil beim Entladen der Bleibatterie die Schwefelsäure an der chemischen Reaktion beteiligt ist, sinkt die Konzentration der Schwefelsäure in der Batterieflüssigkeit. Die sinkende Konzentration ist direkt proportional zur Anzahl der Amperestunden, die geliefert wurden. Dies ist auch umgekehrt der Fall, wenn die Konzentration steigt. Die Konzentration, gemessen als spezifische Masse (kg/m^3), ist sehr aussagekräftig, wenn der Ladezustand der Batterie damit gekennzeichnet werden soll. Die Größe wird mit einer Säurespindel gemessen. In der Säurespindel befindet sich eine Spindel mit einer Skala. Obwohl für jede Batterie die SM pro Ah Stunde unterschiedlich ist, gilt für den größten Teil der Batterien bei einer Temperatur von 27 °C:
für eine 100% geladene Batterie ein Wert von 1280 kg/m^3,
für eine 50% geladene Batterie 1200 kg/m^3 und
für eine leere Batterie 1100 kg/m^3.

Bei einer anderen Temperatur müssen die Werte korrigiert werden. Bei einer Temperaturdifferenz von 10 K (K : Kelvin, Einheit für Temperaturdifferenz) nach unten oder nach oben, muß der Wert mit 7 korrigiert werden. Wenn die Batterie geladen oder entladen wird, ist der Wert nicht korrekt. Die spezifische Masse SM, die an der Oberkante der Bleiplatten gemessen wird, ist kleiner als der wirkliche Wert, wenn die Batterie geladen wird und größer als der gemessene Wert, wenn die Batterie entladen wird.
Bevor der richtige Wert gemessen werden kann, dauert es eine Zeit, bis die Konzentration in der Batterieflüssigkeit überall den gleichen Wert hat. Der Ladezustand der Batterie kann auch mit einem Spannungsmeßgerät gemessen werden. Die Messung sollte aber 1 bis 2 Stunden nach der Ladung oder Entladung der Batterie

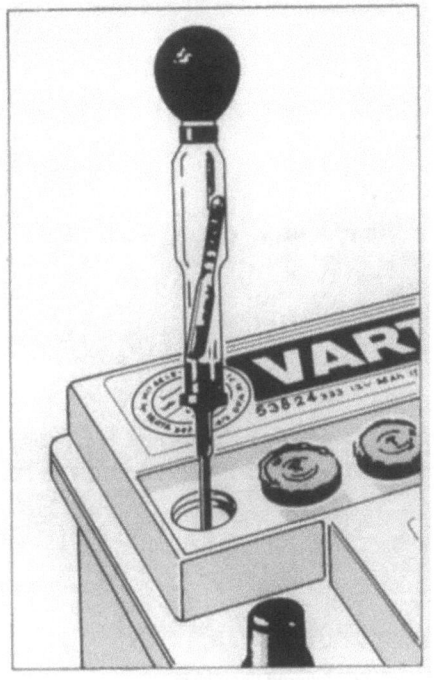 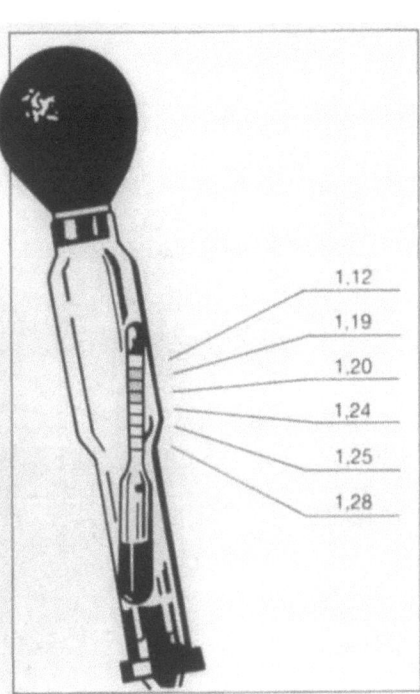

Bild 60 und 61: Die Messung des Ladezustands mit einer Säurespindel.
1280 (oder 1,28) bedeutet: geladen
1120 (oder 1,12) bedeutet: fast leer

erfolgen. Es wird die **Ruhespannung** oder **Klemmenspannung** der Batterie gemessen. Mit der Formel
$U_0 = SM + 0{,}84$
wird der Ladezustand der Batterie gemessen.

Ist die Ruhespannung 12,24 V, dann ist die Ruhespannung pro Zelle 12,24 V/6 = 2,04 V. Die SM ist:
$2{,}04 - 0{,}84 = 1{,}20$.
Das ist der Wert einer 50% geladenen Batterie. Eine geladene Batterie hat eine Klemmenspannung von 12,75 V. Der Ladezustand der Batterie ist pro 0,1 V 10% niedriger. Die Batterie hat also, wenn sie leer ist, eine Spannung von 11,75 V.

Die regelmäßige Kontrolle des Ladezustands der Antriebsbatterien für elektri-

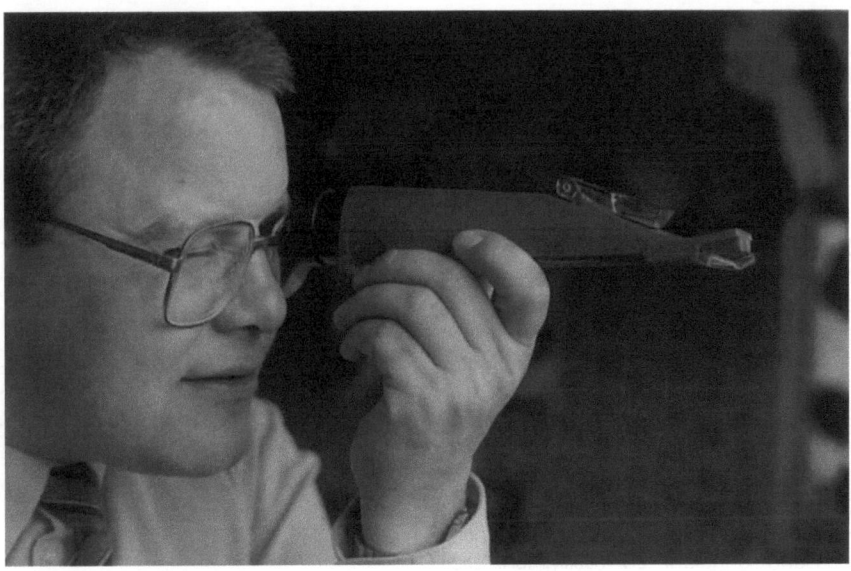

Bild 62: Eine optische Säurespindel. Für die Messung reicht ein Tropfen Säure aus. Das Meßprinzip ist die Messung der Brechung des Lichts.

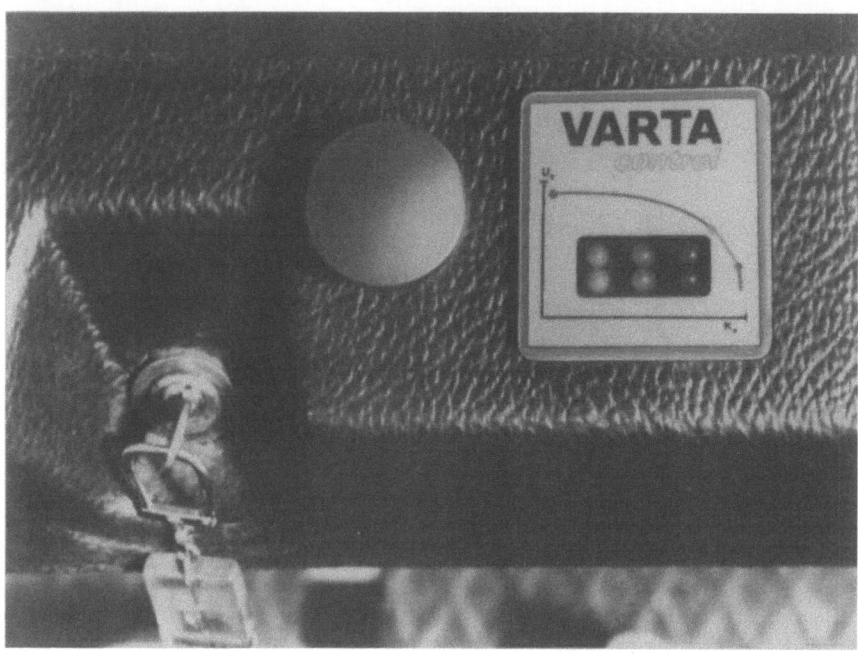

Bild 63: Der Ladezustand eines elektrischen Gabelstaplers wird dauernd überwacht.
Wenn tiefentladen wird, wird ein Alarmzeichen geschaltet und in manchen Fällen der Elektromotor abgeschaltet.

sche Gabelstapler ist wichtig. Moderne Gabelstapler sind deshalb mit einer Ladekontrolle ausgestattet. Sie zeigen aber die Spannung der Batterie während des Batteriebetriebes an. Manchmal befindet sich ein Schaltrelais im Stromkreis des Elektromotors. Dieses Relais wird geschaltet, wenn die Spannung an den Klemmen zu niedrig ist. Der Fahrer muß seinen Gabelstapler zur Ladestation fahren, um die Batterie nachzuladen. So wird eine Tiefentladung der Batterie vermieden.
Dieses Minimum-Spannungsrelais ist auch in Schiffen und Meßgeräten im Einsatz und steuert eine Anlage in einem sicheren Betriebszustand.

11.2 Belastbarkeitsmessungen

Die Belastbarkeit oder Kapazität einer Batterie wird mit Hilfe einer Kapazitätsmessung durchgeführt. Dies bedeutet, daß eine geladene Batterie von 100% Ladezustand auf 0% Ladezustand entladen wird. Diese Messung dauert längere Zeit, da die Batterie, wenn sie in einem guten Zustand ist, nicht sofort entladen ist. Da bei Starterbatterien die Startleistung wichtig ist, gibt es für diese Art Batterien eine Möglichkeit, die Kapazität mit einer schnellen Messung ungefähr zu bestimmen. Die Batterie wird in diesem Fall mit einem Strom belastet, der 3mal so groß ist wie die normale Kapazität der Batterie. Während der Belastung wird die Entladespannung festgestellt. Weil der Ladezustand der Batterie die Startleistung beeinflußt, sollte vor der Belastung die spezifische Masse der Batterie überprüft werden. Wenn die spezifische Masse einen Wert von weniger als 1240 kg/m³ hat, dann ist die Messung nicht repräsentativ, und dann sollte die Batterie erst geladen werden.

Früher wurde der Batterietester zum Testen der einzelnen Zellen verwendet. Es war möglich, den Tester mit dem Zellenverbinder zu verbinden, und so eine defekte Zelle zu entdecken. Bei modernen Batterien ist das nicht mehr möglich, da der Tester nur noch über die Endpole der Batterie angeschlossen werden kann.

Bei einer normalen Temperatur (10–20 °C) sollte die Spannung einer gut geladenen Batterie nach 10 s einen Wert von 10 V haben. Eine teilweise geladene Batterie (SM = 1240 kg/m³) sollte eine Spannung 9 V haben. Wichtig ist, daß die (Klemmen-)Spannung direkt an den Polen der Batterie gemessen wird.

Es gibt in der Praxis Batterietester, die ein bestimmtes Meßprogramm absolvieren und das Ergebnis mit LED's anzeigen. Außerdem gibt es Tester, die den inneren Widerstand der Batterie im unbelasteten Zustand messen. Da diese Meßgeräte nur ein grobes Bild des Zustandes wiedergeben, sind die Geräte, die mit einem größeren Strom messen, vorzugsweise zu benutzen, obwohl sie im Grenzbereich manchmal falsche Werte anzeigen.

Bild 64: Der elektrische Batterietester von ELEKTRON.
Die Batterie wird mit einem vorprogrammierten großen Strom belastet. Eine elektronische Messung soll über LED aussagen, ob die Batterie in Ordnung ist.

11.3 Entdecken der Fehler

11.3.1 Die Sichtkontrolle
Mit dieser Kontrolle kann man feststellen, ob die Batterie äußere Schäden hat, wie zum Beispiel Undichtigkeiten (Feuchte unter der Batterie), weiße Stellen durch Stoßen oder Fallen des Batteriekastens, eingebrannte Pole, defekte Verschlußkappen, Deckel, die sich durch eine kleine Explosion gelöst haben, lose Bleiplatten usw. Eine weiße Linie in der Batterie auf 1/3 der Bleiplattenhöhe deutet auf einen längeren leeren Ladezustand hin (Sulfatierung).

11.3.2 Der Elektrolyttest
Ist der Flüssigkeitsspiegel nicht in Ordnung, dann deutet dies auf eine Undichtigkeit der Batterie, schlechte Wartung, Flüssigkeitsverlust oder einen hohen Wasserverbrauch durch Gasbildung hin. Eine niedrige spezifische Masse kann auf einen Kurzschluß in der Zelle hindeuten. Wenn zwei Zellen nebeneinander einen niedrigen Wert haben, ist die Trennwand zwischen den Zellen undicht. Wenn die Flüssigkeit braun ist, bedeutet das, daß die Batterie zyklisch belastet wurde. Ein zu hoher Wert bedeutet, daß die Batterie mit Säure statt mit destilliertem Wasser nachgefüllt wurde.

11.3.3 Der Ausfall der Masse
Wenn der Batteriekasten durchsichtig ist, ist es möglich, den Ausfall der Masse festzustellen, indem man mit einer Taschenlampe eine untere Ecke des Batteriekastens beleuchtet. Es ist dann möglich, den Schlamm am Boden der Batterie zu sehen. Dies ist nicht möglich bei Batterien, die mit Folien-Seperatoren ausgestattet sind. Der Ausfall der Masse kann außerdem durch Kapazitätsmessung festgestellt werden.

11.3.4 Die Startleistung einer Batterie
Eine zu niedrige Startleistung kann eine defekte Zelle bedeuten. Wenn die Nachfüllöffnung geöffnet ist, kann man sehen, daß sich in der Zelle Gas bildet. Die Ursache der niedrigen Startleistung ist meistens Korrosion an den Platten.

11.4 Wie man Ladegeräte testen kann

Weil es abhängig vom Ladegerätetyp verschiedene Lademethoden gibt, ist es nur mit Hilfe der Gebrauchsanweisung des Produzenten möglich, die Laderichtung der Batterie zu bestimmen. Das Gerät kann kontrolliert werden, indem der Wert des Ladestroms und der Spannung während bestimmter Abschnitte des Ladeablaufs kontrolliert wird.
Im Pkw lädt die Lichtmaschine (meistens ein Wechselstromgenerator mit Diodengleichrichter) die Batterie mit der *WU-Kennlinie*.

Weil der Ladestrom vom Ladezustand der Batterie abhängig ist, ist es wichtig, diesen zu messen. Wenn der Motor 5 Minuten stationär gelaufen ist, liegt eine Spannung von 14,2 V vor.
Beträgt die Spannung nur 13,6 V, dann wird die Batterie nicht richtig geladen, liegt sie bei 14,8 V, wird die Batterie überladen.

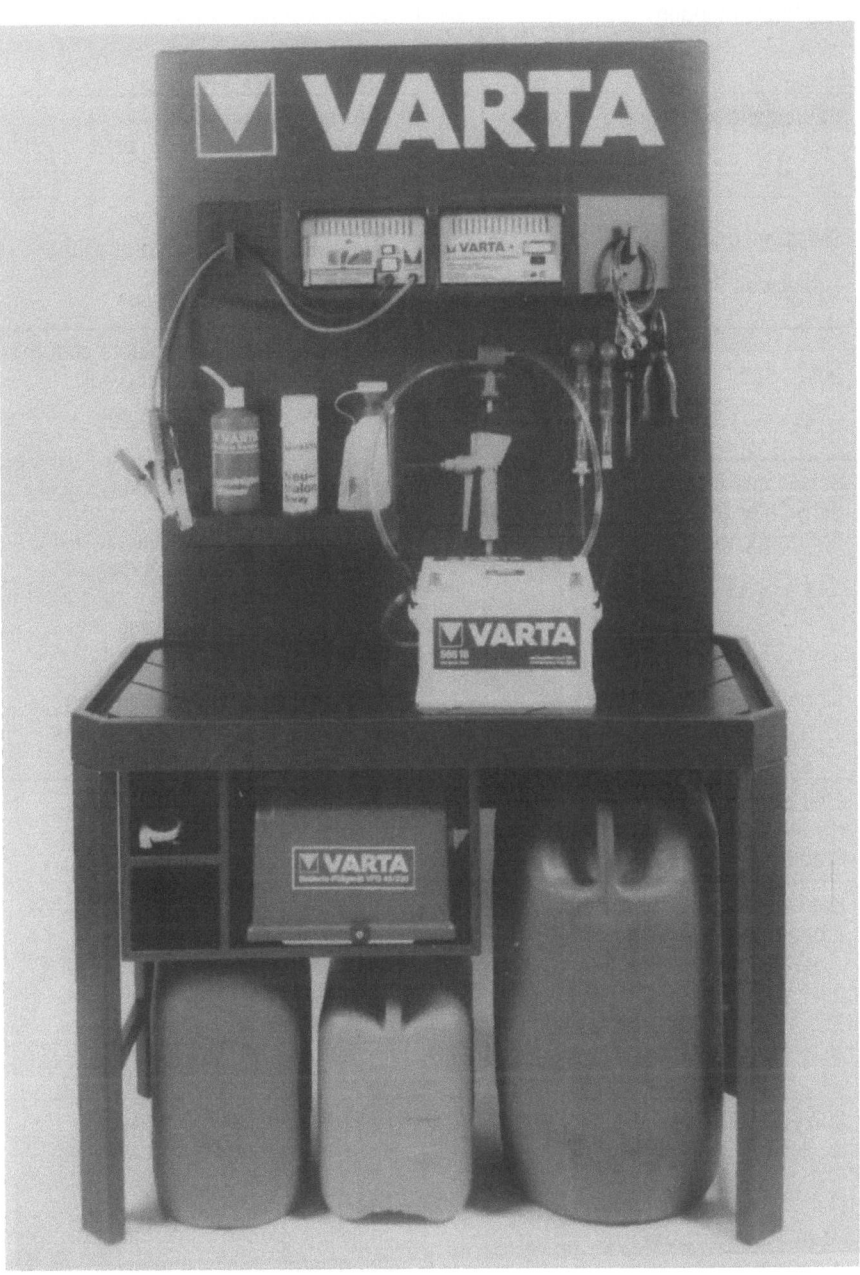

Bild 65: Ein Batterie-Dienstleistungs-Zentrum.
Untersuchungstisch aus Kunststoff, der mit Werkzeug, Nachfüll-, Lade- und Testgeräten ausgestattet ist. Außerdem befinden sich unter dem Tisch zum einen Fässer mit Säure, zum anderen Fässer für Abfallprodukte.

11.5 Übersicht über Störungen und Defekte

Festgestellte Störung:	Mögliche Ursache:	Maßnahmen beziehungsweise Bemerkungen:
Neue Batteriesäure erwärmt sich beim Füllen	* schlechte Schichtung * schlechte Lagerung * längere feuchte Lagerung	Abkühlen Laden SM kontrollieren
Die Säure läuft aus den Nachfüllöffnungen	* Überfüllung der Batterie	Batterieflüssigkeitspegel absenken Achtung: Batterien für die Beleuchtung in zwei Stufen füllen (Semi-Antriebsbatterien)
Säurestand zu niedrig	* undichter Batteriekasten * große Gasbildung bei einer zu hoch eingestellten Ladung	neue Batterie Ladegerät kontrollieren oder reparieren
SM zu niedrig ($< 1{,}240 \; \frac{kg}{dm^3}$) Schlechtes Startverhalten	* Ladung nicht ausreichend * vergessen, die Stromverbraucher abzuschalten * Kurzschluß im Stromkreis	neu laden Ladegerät kontrollieren (Regler, Lichtmaschine, Keilriemen, elektrische Anlage)
SM zu hoch ($> 1{,}290 \; \frac{kg}{dm^3}$)	* Die Batterie wurde mit Säure statt mit destilliertem Wasser nachgefüllt	Pegel der Batteriesäure senken und mit destilliertem Wasser nachfüllen, wenn erforderlich, nochmals wiederholen
Schlechtes Starten Schlechter Starttest Spannung sinkt unter Belastung	* Batterie ist leer * Batterie verschlissen (+ Platte korrodiert; Gitterplatte der positiven Platte verschlissen) * Batteriezelle defekt * Batterie zu kleine Kapazität * Batterie sulfatiert	Batterie laden neue Batterie einbauen
Eingebrannte Batteriepole	* schlechte elektrische Verbindung * Batterie nicht richtig verkabelt	Batteriepole reparieren Batterieklemmen richtig festdrehen und falls erforderlich, Klemmen ersetzen
Eine oder zwei Batteriezellen „kochen" bei starker Belastung (beim Starten oder Starttest)	* eine defekte Zelle * undichte Polbrücke	neue Batterie einbauen
Batterie ist sehr schnell entladen („bringt keine Leistung")	* Ladezustand der Batterie zu niedrig * Kurzschluß im Stromkreis * große Selbstentladung der Batterie zum Beispiel durch eine Verschmutzung * Sulfatierung der Batterie (die Platten sind hart und manchmal weiß)	Ladezustand der Batterie kontrollieren, feststellen, ob die Batterie ausreichend geladen wird (Fahrbetrieb entspricht Ladezeit?) Batterie ersetzen
kurze Lebensdauer	* falscher Batterietyp (z. B. bei elektrischen Ladeluken von einem LKW) * zu oft tiefentladen * im tiefentladenen Ladezustand längere Zeit gelagert (Sulfatierung)	heavy duty oder Semi-Antriebsbatterie einbauen zeitweise Laden der Batterie über einen Gleichrichter erforderlich
Batterie wird während des Betriebs heiß und hat außerdem einen hohen Wasserverbrauch	* Überladung * Ladespannung zu hoch	Ladegerät (Spannungregler) kontrollieren
Die Batterie ist explodiert	* Feuer oder Funkenbildung kurz nach der Ladung der Batterie * Kurzschluß mit Gerät * unter Belastung an- und abgeklemmt * innerer Defekt (Unterbrechungen)	Batterie ersetzen Vorsicht bei Feuer und Funken ist angebracht für eine ausreichende Belüftung sorgen
Die Lichtmaschine beziehungsweise die Dioden sind defekt (Radio und andere Geräte, die die richtige Polarität brauchen, sind funktionsuntüchtig)	* Batterie falsch gepolt * Produktionsfehler * fehlerhafte Ladung der Batterie	Die Batterie entladen und danach mit der richtigen Polarität laden, wenn erforderlich, Batterie ersetzen
Die Batterie funktioniert überhaupt nicht (keine Spannung)	* Bruch im Inneren der Batterie * Batterie tiefentladen	Batterie ersetzen

12 Neue Entwicklungen und Zukunftsperspektiven

Die Weiterentwicklung der Technik macht auch vor der Batterie nicht halt. Früher produzierte man einfache, billige und betriebssichere Systeme. Viel wurde auf diesem Gebiet erreicht. Den Trend der letzten Jahren zeigt nachstehende Entwicklungen:

- **Erhöhen der Energiedichte.** Die Batterie soll kleiner, leichter und kräftiger werden.
- **Wartungsfrei.** Die Batterie soll ohne Probleme zu warten sein. Inspektionen kosten Geld und werden oft vergessen.
- **Umweltfreundlich.** Die Materialien, die in der Batterie verwendet werden, sollen die Umwelt so wenig wie möglich belasten.

Schwerpunkte der heutigen und zukünftigen Entwicklung liegen auf dem Gebiet der Blei/Schwefelsäure-Batterie, Nikkel/Cadmium/Kalilauge-Batterie und alternativen elektrochemischen Systemen. Außerdem werden andere Energiesysteme wie zum Beispiel Solartechnik, Windenergie, Wasserkraft und Wasserstoffproduktion aus Seewasser entwickelt.

12.1 Wie man Batterien optimieren kann

In Kapitel 3 (Konstruktion) wurde deutlich, daß der Aufbau der Batterie von ihrem Einsatzgebiet abhängig ist. In den letzten Jahren wurden die Konstruktion der Batterie und viele ihrer spezifischen Eigenschaften optimiert. Manchmal auch zum Nachteil anderer Eigenschaften. Ein Beispiel ist die neu entwickelte Batterie für Dieselfahrzeuge, die eine Startleistung von 150% hat. Konstruktionstechnisch wurde bei dieser Batterie folgendes geändert:

- dünne Platten mit Hilfe einer besseren Legierung und neue Gußtechniken (elektronische Qualitätskontrolle)
- effizienteres aktives Material
- neue Folienseperatoren aus Kunststoff
- eine bessere Gitterstruktur (Verbesserung der Leitfähigkeit des Gitters)
- kein Freiraum, in dem sich der Ausfall der aktiven Masse ablagern kann.

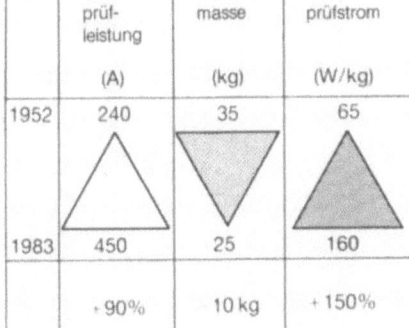

Bild 66: Die Entwicklung der Batterieleistung in den letzten 30 Jahren.
Die Werte beziehen sich auf eine 12 V, 84 Ah-Batterie

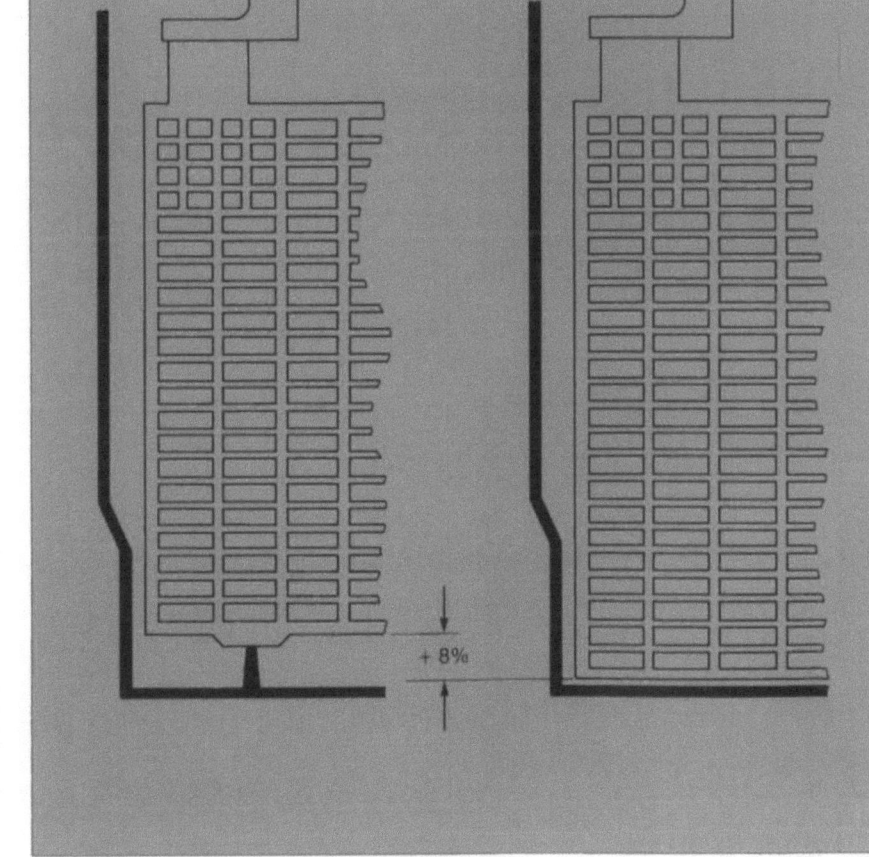

Bild 67: Die Konstruktionsverbesserungen der Startbatterien.
Weil jetzt Separatoren eingesetzt werden, sind keine Öffnungen zwischen Batterieplatte und Batterieboden erforderlich. Die Platten sind dadurch 8% höher geworden.

Diese Eigenschaften wurden in den Neuentwicklungen von VARTA, der sogenannten „super heavy duty"- und der „Grand Prix"-Batterie eingesetzt. Diese Batterien haben eine Startreserve von 30%.

12.2 Geschlossene Batterien

Diese Batterien sind nach dem Blei/Schwefelsäure-Prinzip entwickelt. Ein Elektrolyt, der als Paste mit der positiven Platte verbunden ist, sorgt dafür, daß der Sauerstoff, der sich an der positiven Platte gebildet hat, über kleine Kanäle zur negativen Platte geleitet wird. Die Sauerstoffmoleküle reagieren dort zu Wasser. Dieses System wird vor allem in VARTAs LF-Batterien eingesetzt.

Eine Antriebsbatterie soll eine hohe Energiedichte haben und sollte außerdem wartungsfrei sein. Die Wartung der Batterie wurde mit dem Einsatz anderer Methoden automatisiert und verbessert. Die Betriebssicherheit und die Lebensdauer der Batterie wurden verbessert.

So wird z. B. beim VARTA-„aquamatic"-System während der Ladung der Batterie zum richtigen Zeitpunkt die Batterie mit destilliertem Wasser gefüllt. Der Füllmechanismus befindet sich in den Verschlußkappen, in denen die Wasserzufuhr über kleine Ventile geschaltet wird. Ein weiteres von VARTA entwickeltes System erzeugt mit Druckluft einen größeren Diffusionsgrad. Antriebsbatterien und ortsfeste Batterien gibt es als wartungsfreie Ausführung.

Bild 69: In der VARTA-LF-Batterie ist die Säure in einem schwammigen Medium, das zwischen den Platten eingebaut ist, absorbiert.
Die Säure fließt durch die Gaskanäle von der positiven zur negativen Platte.

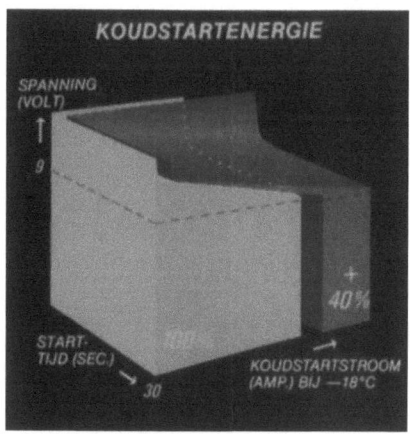

Bild 68 a, b und c: In der Grand Prix-Reihe hat VARTA nicht nur den Batteriekasten, sondern auch die Platten und die Separatoren modernisiert.
Bei einem Kaltstart vergrößern sich Strom, Spannung und Zeit.

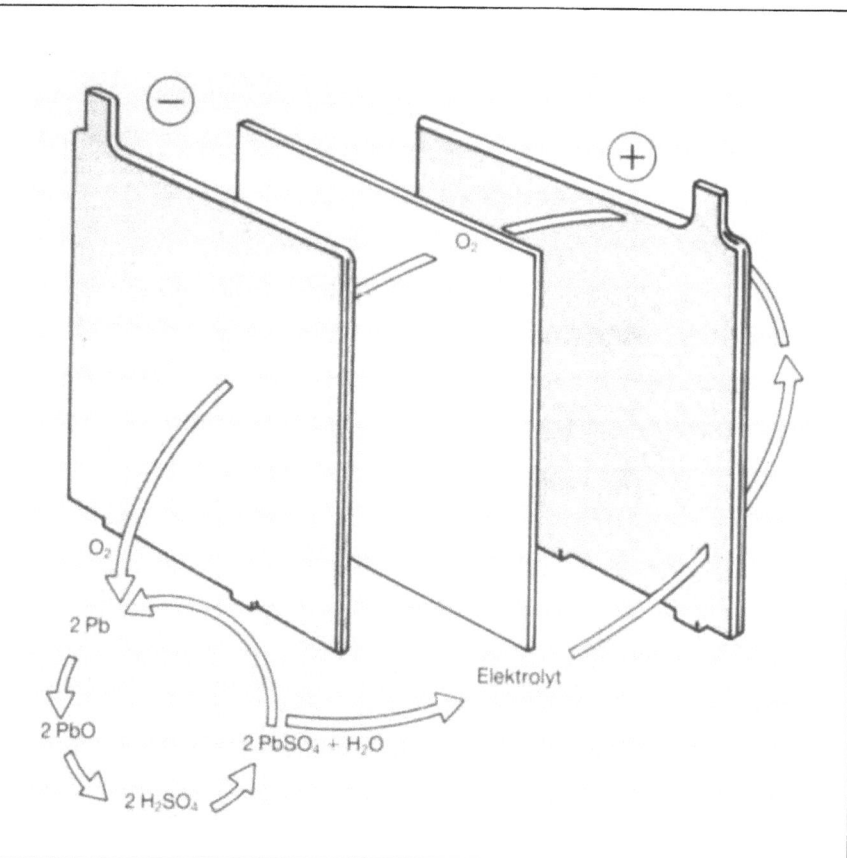

Bild 70: Der Sauerstoffkreislauf in einer LF Batterie.
Das Sauerstoffgas reagiert an der negativen Platte zu Wasser, wodurch kein Überdruck in der Batterie entstehen kann.

Bild 71a: Die wartungsfreie ortsfeste VARTA „solid bloc"-Batterie.

12.3 Alternative Systeme

Zur Zeit werden weitere elektrochemische Spannungsquellen untersucht. Einige Systeme zeigen entsprechenden Erfolg und werden darum weiter entwickelt.

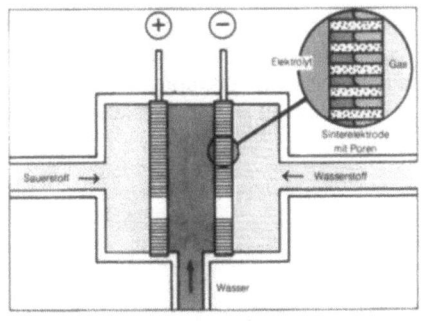

Bild 73: Das Prinzip einer Wasserstoff/ Sauerstoff-Brennstoffzelle.
Die Gase sind aktive Materialien. Das Produkt dieser Reaktion ist Wasser; die Reaktionsenergie wird als elektrische Energie freigesetzt.

12.3.1 Brennstoffzellen

In diesen wird das aktive Material von außen in die Batterie transportiert. Die chemische Reaktion ist mit einer Verbrennungsreaktion zu vergleichen. Während der Reaktion bildet sich elektrische Energie. Der theoretische Wirkungsgrad ist groß.

Die Wasserstoff-Sauerstoff(H_2-O_2)-Zelle kann bereits eingesetzt werden. Probleme liegen darin, daß Wasserstoff und Sauerstoff in stark gekühlten Druckzylindern gelagert werden müssen. Diese Brennstoffzellen sind sehr umweltfreundlich, da nur Wasser (H_2O) als Abfallprodukt entsteht.

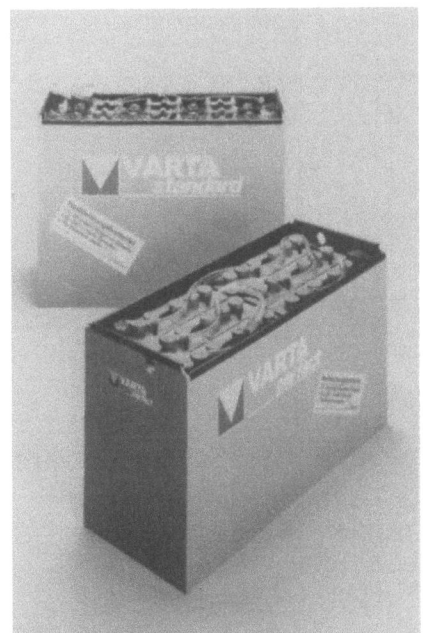
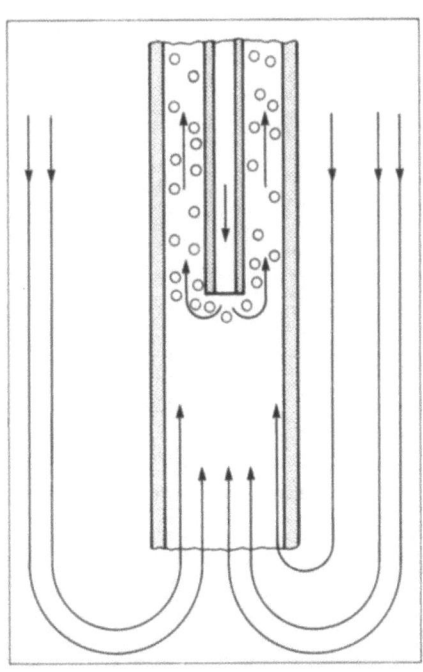

Bild 71b: Die VARTA perfect-Antriebsbatterien mit dem „aquamatic"-Nachfüllsystem.
Der Ladeautomat öffnet zum richtigen Zeitpunkt die Wasserzufuhr.
Die Batteriezellen werden alle bis auf den gleichen Pegel gefüllt.

Bild 72: Das Prinzip des Elektrolytzirkulationssystems.
Ins Innere des Röhrchens wird Luft geblasen. Es erfolgt durch die strömende Flüssigkeit eine schnelle Mischung der leichten und der schweren Säure.

12.3.2 Natrium-Schwefelbatterien

In diesen ist Schwefel das aktive Material der positiven Elektrode und Natrium das aktive Material der negativen Elektrode. Dieses System funktioniert nur bei einer Temperatur, die größer ist als 300 °C. In dieser Batterie wird statt einem Elektrolyt in Wasser Beta Aluminiumoxid eingesetzt. Die Zellenspannung in der Batterie ist 2,1 V. Die Energiedichte ist 5mal größer als die einer Blei/Schwefelsäurebatterie. Die Batterien kommen vor allem in Elektroautos zum Einsatz.

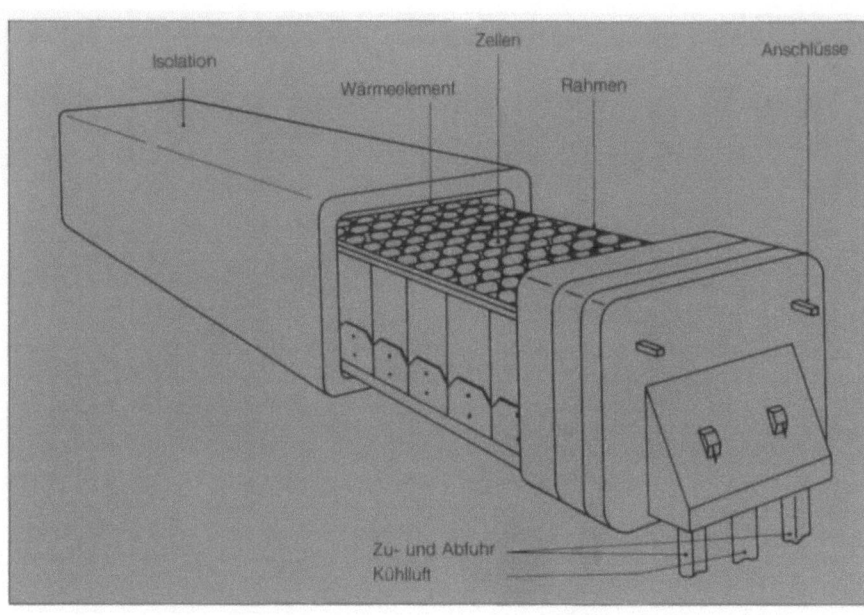

Bild 74b: Natrium-Schwefelbatterie
Eine Batterie mit Natrium-Schwefelzellen muß gut isoliert werden, um die richtige Temperatur zu halten.

12.3.3 Polymer-Batterien

Ein Hoffnungsschimmer sind die ersten Ergebnisse der Untersuchungen dieser Kunststoffe, die in Batterien eingesetzt werden können. Obengenannte Makromoleküle werden synthetisch aus kleineren Molekülen gebildet. Dieser chemische Prozeß wird Polimerisation genannt. Kunststoffe werden in großer Vielfalt eingesetzt. Manche Polymerarten haben die Eigenschaft, elektrische Ströme zu leiten. Wenn Acetylen mit Brom polymerisiert

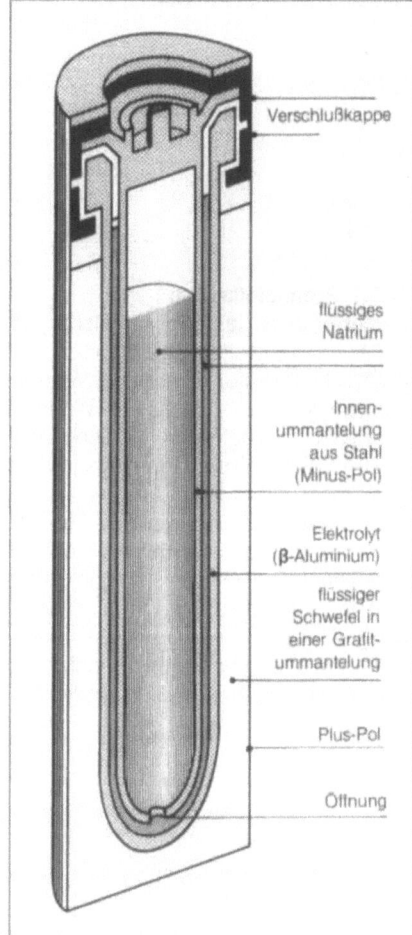

Bild 74a: Ein Beispiel für eine Natrium-Schwefelsäure-Batterie.
Die Komponenten befinden sich in flüssiger Form bei einer hohen Temperatur in der Zelle. Sie sind durch einen schalenförmigen keramischen Separator voneinander getrennt.

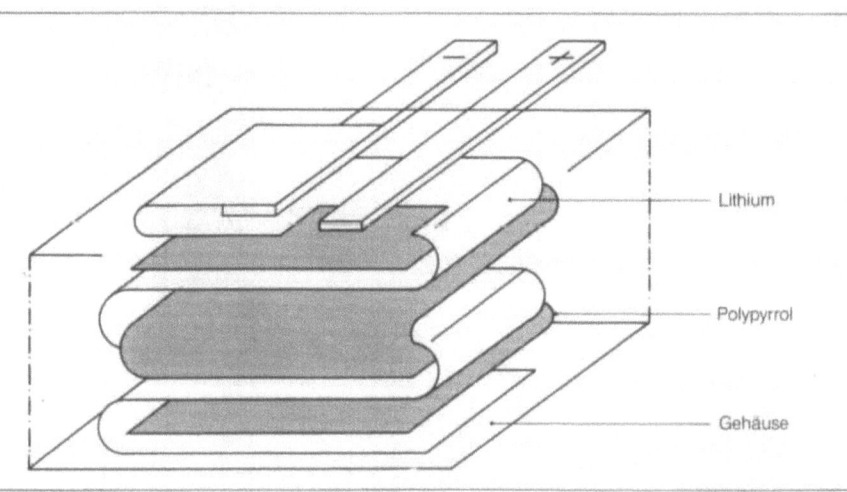

Bild 75: Polymer-Batterien vom Typ Lithium-Polypyrrol

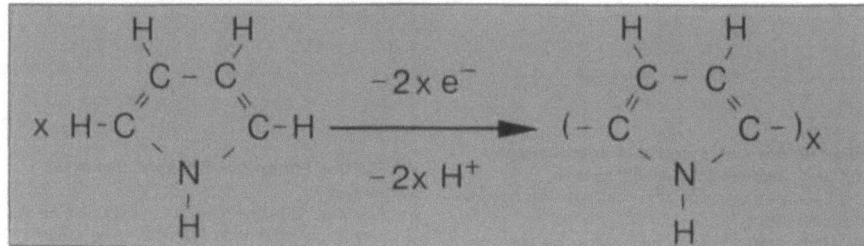

Bild 76: Bei einer elektrochemischen Polymerisation (=Laden) von einem Polypyrrol-Molekül werden Elektronen und Wasserstoffionen freigesetzt.

wird, erhöht sich die Leitfähigkeit von Acetylen von 0,000001 auf 0,01 Siemens/cm.
Die Polymerisation ist eine elektrochemische Reaktion. Polypyrrol ist ein Polymer, welches als aktives Material einer positiven Elektrode verwendet wird. Das Material der negativen Elektrode ist Lithium. Die beiden Stoffe werden in Folienform produziert, wodurch es möglich ist, runde Zellen zu bauen. VARTA hat zusammen mit BASF eine solche Batteriezelle entwickelt. Es ist theoretisch möglich, sowohl eine positive als auch eine negative Elektrode aus Polymeren zu entwickeln. Die Untersuchungen auf diesem Gebiet sind noch nicht abgeschlossen.

12.3.4 Batterien mit separatem Behälter

Die Zink-Bromid-Batterie ist ein Beispiel für Batterien, die einen separaten Behälter haben. Diese Batterie besitzt eine Zelle, in der sich eine Elektrode befindet und einen Behälter, in dem die Batterieflüssigkeit ist. Die Flüssigkeit wird von einer Pumpe über einen Kreislauf durch die Batterie gepumpt. In einer Kammer ist eine bipolare Elektrode, die die Kammer in zwei kleinere Kammern unterteilt. Die eine Seite ist negativ, die andere positiv. Sie hat die Funktion einer Zwischenwand und bildet die elektrische Verbindung zwischen den Kammern.
Zink ist hier das aktive Material, das sich als eine dünne Schicht auf der negativen Seite der bipolaren Elektrode absetzt. Das Bromid bildet eine gleiche Schicht auf der positiven Seite der Elektrode. Das Material, das sich während der Reaktion gebildet hat, löst sich in der Batterieflüssigkeit. Es wird mit einer Pumpe aus der Zelle gepumpt, da sonst die Funktion der Batterie beeinträchtigt wird. Dies komplizierte System ist noch nicht für einen elektrischen Antrieb geeignet.

12.3.5 Zink-Chlor-Batterie

Auch diese Batterie hat eine separate Kammer, in der sich ein Elektrolyt befindet. Die Zink-Elektrode ist die negative Elektrode. Die positive Elektrode ist neutral und kann aus verschiedenen Metallen, wie Titan, bestehen. Das Zinkchlorid ($ZnCl_2$) ist der Elektrolyt dieser Batterie. Während der Entladung der Batterie wird aus einem gekühlten Behälter Chlor und Chlorhydrat (aus diesem Material bilden sich bei einer Temperatur über $-10\ °C$ Wasser und Chlor) zur positiven Elektrode gepumpt. Es bildet sich während der Entladung Zinkchlorid, das in dem Elektrolyt löslich

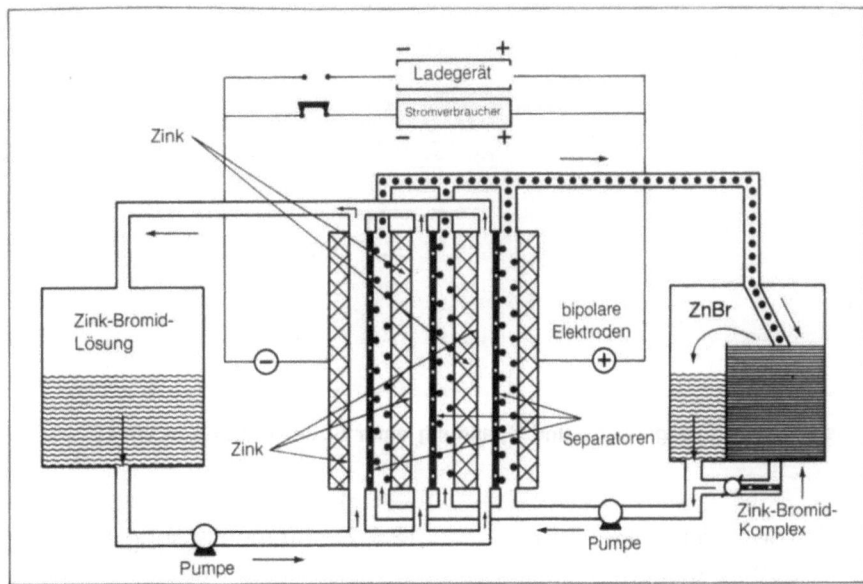

Bild 77: Schematische Darstellung einer Zink-Brom-Batterie

ist. Wenn die Batterie geladen wird, bildet sich auf der negativen Elektrode einfaches Zink. An der positiven Elektrode bildet sich dagegen Chlorgas. Der Aufbau dieses Systems ist ziemlich kompliziert und aufwendig. Es werden Nebenaggregate wie Pumpe oder Kühlung usw. gebraucht. Zwar ist die Energiedichte mit ca. 100 Wh/kg hoch, doch ist die Lebensdauer gering (150 Zyklen).

12.3.6 Die Lithium-Eisensulfid-Zelle

Lithium ist für die elektrochemische Industrie ein sehr interessantes Material. Es wird mit Eisensulfid in einer Hochtemperatur-Batterie verwendet. Die aktive Masse der Batterie ist eine Legierung aus Lithium und Aluminium (Li + AL) oder Lithium und Silicium (Li + Si). Die positive Elektrode besteht vor allem aus dem Material Eisensulfid (FeS_2). Der Elektrolyt ist flüssiges Salz (LiCl + KCl). Die Temperatur liegt bei 400 bis 450 °C. Während die Batterie entladen wird, bildet sich Lithiumsulfid (Li_2S) und Eisen (Fe).
Die Energiedichte dieses Systems ist ungefähr 460 W/kg bis 650 W/kg. Wegen der hohen Temperaturen gibt es Materialprobleme. Nicht jedes Material ist für diesen Einsatz geeignet. Ein Nachteil ist auch, daß die Isolierung der Batterie viel Platz braucht.

pos.\neg.	Wasserstoff H_2	Lithium Li	Natrium Na	Magnesium Mg
Fluor F_2	4100 3,06 V	6270 6,07 V	3588 5,62 V	4690 5,45 V
Chlor Cl_2	1000 1,36 V	2520 3,99 V	1830 3,99 V	1732 3,08 V
Brom Br	(354) 1,07 V	1116 3,62 V	941 3,61 V	755 2,59 V

Theoretische Energiewerte und Spannung einer Super-Batterie in Wh/kg

12.4 Theoretische Pläne für Superbatterien

Auf der Suche nach neuen elektrochemischen Systemen sind viele verschiedene Systeme untersucht worden. Die elektrochemischen Systeme die entdeckt wurden, hatten eine große theoretische Energiedichte (Wh/kg). In der Tabelle sind diese Kombinationen aufgelistet.
Die Lithium-Fluorid-Batterie hat die größte Energiedichte (6270 Wh/kg, 6,07 V/Zelle). Im Gegensatz zur Bleibatterie, die eine Energiedichte von 160 Wh/kg hat, ist dies eine große Verbesserung. Lithium ist jedoch ein seltenes Material und wird nur in Nord-Amerika gefunden. Dagegen bietet Natrium eine bessere Alternative.

12.5 Zusammenfassung

Obwohl es viele elektrochemische Systeme gibt, manche mit einer sehr hohen Energiedichte, ist die Blei/Schwefelsäure- und die Nickel/Cadmium-Batterie bis jetzt unersetzlich. Viele alternative Spannungsquellen wurden untersucht.
Manche boten eine interessante alternative Möglichkeit, wie die Natrium-Schwefel-Batterie und die Brennstoffzellen.

Doch müssen noch viele Untersuchungen ausgeführt werden, bevor elektrochemische Spannungsquellen echte Alternativen im Bereich der Spannungsquellen sind. Es spielen ja nicht nur die Energiedichte, sondern auch Leistung, Lebensdauer, Verfügbarkeit der Materialien, Sicherheit, Schonung der Umwelt, Wartung und Kosten eine große Rolle.
Die Erfahrung lehrt, daß ein Abschätzen der zeitlichen Entwicklung nicht möglich ist. Hier wird man eher in einigen Jahrzehnten als in einigen Jahren große Schritte vorwärtskommen.

**Aus dem Programm
Kraftfahrzeugtechnik**

Technische Lehrgänge für Ausbildung und Praxis

		ISBN
Technischer Lehrgang:	Hydraulik	3-528-04832-8
Technischer Lehrgang:	Kupplungen	3-528-04829-8
Technischer Lehrgang:	Schmierstoffe und Motoren	3-528-04827-1
Technischer Lehrgang:	Starterbatterie	3-528-04825-5

In Vorbereitung:

Technischer Lehrgang:	*Stoßdämpfer*	*3-528-04830-1*
Technischer Lehrgang:	*Automatische Getriebe*	*3-528-04828-X*
Technischer Lehrgang:	*Gleitlager für Verbrennungsmotoren*	*3-528-04831-X*
Technischer Lehrgang:	*Ventile, Schäden und ihre Ursachen*	*3-528-04836-0*
Technischer Lehrgang:	*Hydraulische Systeme, Berechnungen*	*3-528-04835-2*
Technischer Lehrgang:	*Turbolader*	*3-528-04826-3*
Technischer Lehrgang:	*Motorkraftstoffe*	*3-528-04834-4*
Technischer Lehrgang:	*Kolben, Schäden und ihre Ursachen*	*3-528-04833-6*

Fachbücher für die Ausbildung

Kraftfahrzeugtechnik
Technologie für Automobil- und Kraftfahrzeugmechaniker
von W. Staudt (Hrsg.) 3-528-04302-4

Metalltechnik
Grundbildung für kraftfahrzeugtechnische Berufe
von W. Staudt (Hrsg.) 3-528-04430-6

Arbeitsblätter Kraftfahrzeugtechnik
von W. Staudt (Hrsg.) 3-528-04913-8

Elektrische Motorausrüstung
von G. Henneberger 3-528-06372-6

Vieweg

If you have any concerns about our products,
you can contact us on
ProductSafety@springernature.com

In case Publisher is established outside the EU,
the EU authorized representative is:
Springer Nature Customer Service Center GmbH
Europaplatz 3, 69115 Heidelberg, Germany

Printed by Libri Plureos GmbH
in Hamburg, Germany